U0303009

灾变破坏及前兆过程

郝圣旺 著

科学出版社

北京

内 容 简 介

本书从六个方面阐释灾变破坏的物理图像与灾变破坏预测的物理前兆过程。主要内容包括：灾变破坏特征及其研究进展；灾变破坏的基本概念、物理机理与理论模型、局部化效应与灾变破坏的多尺度特征；灾变破坏过程的非线性动力学过程、斑图演化特征和跨尺度统计演变特征；灾变破坏触发的驱动响应原理、灾变破坏前兆过程及理论解释、灾变破坏的多尺度演变过程和前兆事件的构成特征；灾变破坏临界参数取值特征与物理控制因素；灾变破坏短临期预测处理方法与预测检验效果。

本书可供高等院校土木、机械、采矿和地质工程等专业师生和从事地震、滑坡、火山喷发等地质灾害预测预防和土木、机械等工程结构安全评估的技术人员阅读参考。

图书在版编目（CIP）数据

灾变破坏及前兆过程/郝圣旺著. —北京：科学出版社，2023.1
ISBN 978-7-03-074263-6

Ⅰ. ①灾⋯ Ⅱ. ①郝⋯ Ⅲ. ①工程力学-破坏机理-研究 Ⅳ. ①TB12

中国版本图书馆 CIP 数据核字（2022）第 237889 号

责任编辑：赵敬伟　赵　颖 / 责任校对：彭珍珍
责任印制：吴兆东 / 封面设计：无极书装

科学出版社 出版

北京东黄城根北街 16 号
邮政编码：100717
http://www.sciencep.com

北京中科印刷有限公司 印刷
科学出版社发行　各地新华书店经销

*

2023 年 1 月第 一 版　开本：720×1000　1/16
2023 年 6 月第二次印刷　印张：11 1/4
字数：227 000

定价：128.00 元

（如有印装质量问题，我社负责调换）

前　言

地震、滑坡、火山喷发、工程结构和材料失效等灾变破坏的监测预警直接关系人们生产生活的安全和稳定，一直是防灾减灾的核心。系统地理解灾变破坏的动力学过程，认识探索灾变破坏预测的可能途径及其困难和挑战，对于实际预测应用和更好地深入研究，无疑是十分必要的。但是，目前还缺少直接面向灾变破坏动力学过程与预测方面的专门著作，缺少对灾变破坏理论、原理与预测方法进行系统阐述的中文专著。据此，本书主要阐述灾变破坏触发机理、灾变破坏特征过程的提取与刻画、临灾预测方法的研究，希望能丰富和增进读者对灾变破坏及其预警预防技术的理解和认识，更有效地推动该领域的研究。

本书从六个大的方面阐述灾变破坏的物理图像与灾变破坏预测的物理前兆过程。第 1 章，叙述灾变破坏现象与研究发展。第 2 章，阐述灾变破坏的基本概念、物理机理与理论模型、局部化效应与灾变破坏的多尺度特征。第 3 章，基于试验观测，阐述通向灾变破坏过程的非线性动力学过程与斑图演化特征，论述灾变破坏斑图演化的非均匀特征和跨尺度统计演变特征、稳定阶段与灾变破坏加速转变的特征、稳定阶段与灾变破坏时间的关系。第 4 章，由灾变破坏触发的驱动响应原理，论述驱动响应函数趋向灾变破坏的临界幂律奇异性前兆过程、临灾前兆过程的数学描述、经验性描述、理论结果；基于灾变破坏的多尺度演变过程，说明前兆事件的构成特征。第 5 章，论述灾变破坏临灾过程的描述、临界参数取值特征与控制因素，主要阐述临界参数取值试验与实地测量结果、数值和理论模型结果；基于理论分析，阐述奇异性指数的取值范围及物理控制因素；结合多尺度灾变破坏前兆事件构成特征的说明，探究实际监测中前兆信息辨别和提取的方法。第 6 章，论述灾变破坏预测处理方法与预测检验效果，主要阐述基于单参数前兆过程预测方法、临界奇异性指数拟合预测方法、折算指数预测方法等，分析实际应用中影响其预测精度的主要因素。

本书是本人在读博士期间和毕业后至今所开展的关于灾变破坏研究的主要成果，包含了与博士指导老师的合作成果和本人所指导的研究生们的工作。本著作得到河北省自然科学基金(项目编号：D2020203001)、河北省重点研发计划项目(项目编号：22375407D)和国家自然科学基金(项目编号：11672258)资助，特此致谢。需要郑重说明的是，本书主要是围绕本人的研究成果来撰写的，浅见拙识，还有很多关于灾变破坏方面的成果和内容没能包含到本书之中，无论是灾变破坏的监测预警方法，还是地震、滑坡领域的专门研究，包括损伤与断裂力学、岩石力学、岩土工程等领域的重要进展等均涉及不够。不尽之处，还请见谅。

作 者

2022 年 4 月

目　　录

第1章 引　论

1.1　灾变破坏现象与试验特征

1.1.1　自然界与工程中的灾变破坏

灾变破坏是一种突发性的破坏现象，是自然界和实际工程中一类常见而又难于预报的灾害，与人类生产生活的安全与稳定直接关联。灾变式破坏会发生在自然界、现实生活和实际工程中的多种尺度上[1-6]，其预防和预测一直是困扰工程界和科学界的复杂难题[7-9]。

从自然界中的地震、火山喷发、滑坡、雪崩这类巨大的灾变破坏到地下工程开挖中的岩爆、煤气体突出等事故，从航天飞机失事到矿柱的失稳[10]和实验室试验中试样的突然破坏[11]等。这类不同尺度上的灾变破坏现象与人们的生活密切相关，受到社会的普遍关注。深入研究这类灾变破坏问题、制定恰当的应对策略与方案，是我们必须面对的、与人民生命财产保护和社会经济发展切实关联的课题。

灾变破坏现象的一个突出特点是其突发性和不确定性[6-9,12,13]。譬如，发生于地壳内部的地震，本质上是断层在板块运动和构造运动等作用下发生的突然破坏。地震这类灾变破坏的不确定性，表现于地震发生的准确时间、地点和规模的难预测性。灾变破坏预测的关键困难在于其发生的随机性和不同事件触发过程的差异性。在现有理论框架和方法范畴，还没能完全阐明灾变破坏的特征与机理、还不能准确地预测灾变破坏的发生时间和地点。所以，对这个问题的研究，需要突破传统的理论、方法框架，探索新的思路、新的方法和新的策略。

1.1.2　试验中灾变破坏现象与特征

实验室里，控制试验机作动器位移单调增加的准静态加载下，岩石、混凝土等脆性材料的失效破坏过程会有两种类型[14,15]：一种是突发性破坏，破坏过程呈现出自持的急剧失稳发展特征，称之为灾变破坏；另一种是连续的失效过程，呈现出准连续渐进式破坏特征，称之为渐进式失效破坏。灾变式破坏具有明显的突发性特征，灾变破坏发生的时间和规模都具有样本个性，从而有着不确定性。

为更清晰地说明灾变破坏现象，特以实验室单轴加载条件下，岩石和混凝土试样失效破坏过程为例，对此现象进行一个具体的描述。图 1-1(a)是控制边界位移单调增加的加载情况下，单轴加载时岩石试样的载荷-位移曲线[16,17]。可以看出，在位移控制准静态加载下，试样的载荷-位移曲线并没有连续地走完整个过程，而是在最大载荷点之后的某一个点，载荷曲线发生了一个突跳下降，此时试样发生宏观灾变破坏。也就是说，在灾变破坏点，加载控制量(位移)的一个无穷小的增加导致了响应量(试样载荷或力)的一个有限响应(即力从 F 点跳到 R 点)。这就是实验室单轴加载下的灾变破坏现象在载荷-位移曲线上的直观反映。

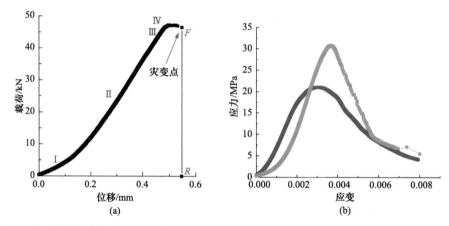

图 1-1　位移控制单轴加载下两种典型失效破坏模式的载荷-位移(应变)曲线。(a)灾变式破坏的
(岩石)载荷-位移曲线[16]；(b)渐进式失效模式(混凝土)的应力-应变曲线[17]

与此相对照地，图 1-1(b)同样是控制作动器位移单调增加的加载方式下，两个混凝土单轴压缩试样渐进式失效过程的应力-应变曲线。可以看出，渐进式失效过程中应力-应变曲线连续演化，没有突跳，也就是说破坏不是突发性的灾变式破坏，而是准连续的渐进模式。

1.2　灾变破坏宏微观过程与表现

1.2.1　灾变破坏的宏观驱动特征与过程

人类经历和认识的自然界中的灾变破坏现象可以追溯到很早。但是，目前对这类破坏现象的科学认识和理解还不够完整和清晰。

由实验室岩石等非均匀脆性介质试样的灾变破坏来阐述和分析，能更为直接地理解灾变破坏现象及其机理与过程。岩石类非均匀脆性介质由多种不同矿物、晶粒组成，这些具有不同力学性质的矿物晶粒的组合，使得岩石内部存在着各种微裂纹和空洞等细微观缺陷。这种特殊组织结构带来了这类材料内部复杂的非均匀性特征，导致了其力学性能的复杂性。

由图 1-1(b)可以看出，通向灾变破坏过程的应力-应变曲线可以分为五个部分[18-20]：①在开始时是一个名义应力-应变曲线呈下凸的非线性区，这主要是由于裂纹的弹性闭合使弹性模量呈加速上升趋势；②随后是一个线性段，在这个阶段整个变形场在空间上呈随机弱涨落，因此宏观上是基本均匀的；③第三段是一个斜率不断减小的非线性段，这个阶段由于微损伤的发展，试样的切线模量逐渐减小，在这个阶段变形场大体上仍保持是相对均匀的；④第四段的标志是材料的变形和损伤出现了局部化，在第三段和第四段进行卸载试验将会发现残余变形和较大的迟滞，所以试样的行为由弹性变成了非弹性；⑤在最大应力点之后的第五段，试样名义应力-应变曲线的斜率变为负值，这一段是还没能特别清楚地描述的部分，是具有不确定性的阶段，在这个阶段，试样中的局部化进一步发展，通常在这个阶段的载荷-位移曲线的某一点发生突然的载荷下降"跳跃"，相应地，试样发生突然的宏观灾变破坏。

1935 年，Speath[21]首先注意到了这个现象，他认为试验机的刚度影响着试样的载荷-位移曲线的完整性，由于试验机刚度不够，试样在最大应力点后的某处发生灾变破坏，从而在单轴加载试验中难以获得脆性材料的完整载荷-位移曲线。到 1943 年，Whitney[22]给出了试验机刚度对测试试样破坏的影响的较明确的解释。他将最大应力点后混凝土试样应力-应变曲线切线斜率与试验机卸载刚度进行了比较，如图 1-2 所示。Whitney 用试样的横截面积和长度对机器的卸载斜率 C 进行了无量纲的约化，发现在灾变破坏点试样应力-应变曲线的斜率与试

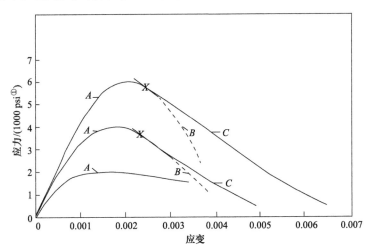

图 1-2　试验机刚度对混凝土破坏的影响(来自文献[22])。图中的试验机的卸载刚度 C 用试样的横截面积和长度进行了量纲约化，A 为混凝土的名义应力-名义应变曲线，虚线 B 为应力-应变曲线中没有观察到的部分，X 点为试样快速破坏开始点

验机的卸载斜率相等。他进一步阐明，在试样的进一步变形过程中，试验机卸载将前期储存的弹性能快速释放，驱动试验机加载压头快速地恢复弹性变形，施加给试样很大的附加应变，从而在不需要外界做功的条件下驱使试样继续变形，造成试样的突然破坏。实际上，这个解释中相当于将整个系统简化为一个弹簧-试样模型[23-25]，其中试验机简化成一根弹簧，载荷通过弹簧传递给试样。1970年，Salamon[10]对此模型的平衡条件进行了解析分析，同样得出了灾变破坏时试样载荷-位移曲线切线斜率等于试验机刚度负值的结论。根据他的分析，在没有外界能量输入的前提下，如果试验机的弹性恢复不能驱动试样变形的继续发展，那么试样的变形是稳定的，不会发生灾变破坏。在这样的概念下，研究者们通过各种方法[25-31]改善试验机的刚度或者采用闭环伺服[32,33]的方法，以期控制系统的灾变破坏的发生来获得完整的载荷-位移曲线。这些结果对于人们认识灾变破坏机理和灾变破坏过程有着非常重要的意义。

　　Wawersik 等[11,34]改进了 Cook 和 Hojem[29]的试验装置，利用液压与热力二级加载的刚性试验机得到了多种岩石的完整的名义应力-应变曲线(图 1-3)。更为重要的是，作者根据在单调加载下试样变形是否稳定，将单轴压缩时岩石试样的名义应力-应变曲线分为两类，即 I 类曲线和 II 类曲线。对于名义应力-应变曲线为 I 类曲线的岩石，在刚性试验机加载下，其变形是稳定的，不会发生灾变破

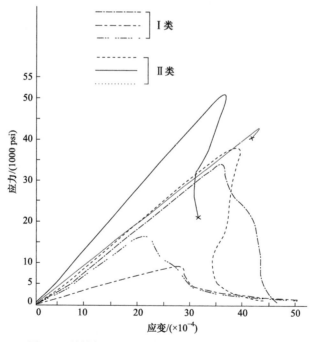

图 1-3　单轴加载下岩石名义应力-应变关系曲线[62]

坏。但是对于名义应力-应变曲线为Ⅱ类曲线的试样，即便在刚性试验机加载下，其变形也会是不稳定的，将会在最大应力点后的某一个位置发生突然的灾变破坏。可以看出，试验机的弹性卸载并非是导致非均匀脆性介质发生灾变破坏的唯一原因，试样本身一定也具有着某种类似的东西，从而也会导致试样发生灾变破坏。

图1-4和图1-5是Labuz等[14,35]报道的岩石试样直径和长径比对试样名义应力-应变曲线影响的试验结果。他们的试验表明，随着试样横截面积的变小(图1-4)或长径比的减小(图1-5)，试样的名义应力-应变曲线最大应力点后变得越平缓，即加载过程越稳定。下面对这个问题进行一个初步讨论和分析。根据研究者们的以上结果，试样加载变形过程的稳定与否决定于试验机的刚度与试样载荷-位移曲线切线斜率负值的比较。对于图1-4中的情况，当试验机的刚度$k_{machine}$满足

$$k_{machine} > -\frac{\pi}{4}D(L/D)^{-1}\frac{d\sigma_0}{d\varepsilon} \tag{1-1}$$

时，不会有灾变破坏发生。其中，D为试样的直径，L为试样的高度，σ_0和ε分别为试样的名义应力和名义应变，$-\frac{\pi}{4}D(L/D)^{-1}\frac{d\sigma_0}{d\varepsilon}$是试样载荷-位移曲线切线斜率的负值。当试样满足灾变破坏条件时，在灾变破坏点有

$$-\frac{\pi}{4}D(L/D)^{-1}\frac{d\sigma_0}{d\varepsilon} = k_{machine} \tag{1-2}$$

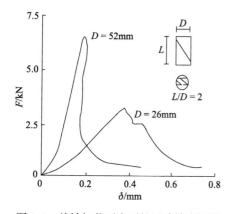

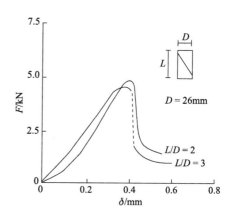

图1-4 单轴加载下岩石的尺寸效应[14,37]　　图1-5 单轴加载下岩石的形状效应[14,35]

从试样的载荷-位移曲线上看，在最大应力点后的一段时间，试样载荷位移曲线切线斜率的负值$-\frac{\pi}{4}D(L/D)^{-1}\frac{d\sigma_0}{d\varepsilon}$随着应变$\varepsilon$的增加而单调增加，直至达到$k_{machine}$时试样发生灾变破坏。反过来，如果试样载荷-位移曲线切线斜率的负值

$$-\frac{dF}{d\delta} = -\frac{\pi}{4}D(L/D)^{-1}\frac{d\sigma_0}{d\varepsilon} \tag{1-3}$$

的最大值小于试验机的刚度 $k_{machine}$，就不会有灾变式破坏发生。式中 F 和 δ 分别代表试样的载荷和变形。

由式(1-3)可以看出，当保持试样初始尺寸长径比 L/D 不变而增大试样的直径 D 时，就相当于增大试样载荷-位移曲线峰值点后切线斜率的负值 $-\frac{\pi}{4}D(L/D)^{-1}\frac{d\sigma_0}{d\varepsilon}$，则试样载荷位移曲线就变得更陡，$-\frac{dF}{d\delta}$ 的值更容易接近试验机刚度 $k_{machine}$，整个系统的变形更不稳定，这个分析和结论与图 1-4 中的结果一致。但是，当保持试样直径 D 恒定，增加其长径比 L/D 就相当于减小试样载荷-位移曲线峰值点后切线的斜率负值 $-\frac{\pi}{4}D(L/D)^{-1}\frac{d\sigma_0}{d\varepsilon}$，则试样载荷-位移曲线就变得更平缓，$-\frac{dF}{d\delta}$ 的值更不容易接近试验机刚度 $k_{machine}$，整个系统的变形更加稳定，触发灾变破坏的概率越小，这个结论与图 1-5 中的试验结果正好相反。我们认为，出现这个矛盾的原因就在于出现了变形和损伤的局部化。因为以上的分析是基于整体平均场近似，而在局部化发生以后，整体平均场近似已经不再适用，即试样的载荷-位移曲线切线的斜率负值不能再用 $-\frac{\pi}{4}D(L/D)^{-1}\frac{d\sigma_0}{d\varepsilon}$ 来表达，其实际计算方法要根据局部化区的演化特点来确定。

材料的宏观力学性能是其内部大量微损伤的一种集体效应的反映[36-39]，在外加载荷作用下，损伤和破坏的演化通常都包含多个互相耦合的非线性过程[13,38-41]。这个过程涉及从微观到宏观的许多尺度、各种层次的互相耦合。非均匀脆性介质损伤演化动力学过程、局部化区的形成和发展等，是灾变破坏不确定性的一个重要原因。

1.2.2 灾变破坏的微观过程与局部化现象

研究者通过各种手段对损伤演化局部化诱致灾变破坏的过程进行了大量的试验观测和统计分析，尝试去阐明该过程的规律和特征。对损伤演化过程的监测，较早的最直接的方式就是通过光学显微镜和扫描电镜对加载过程中的微裂纹的形成和发展特征进行观测[42-53]。这些观测结果与分析为认识和了解非均匀脆性介质损伤演化诱致灾变破坏的过程和机理提供了直接的支持和证据。譬如，这些微观监测结果表明在岩石受载变形过程中，其内部既有晶界裂纹[54-56]，又有穿晶裂纹[54,55,57]。这些裂纹形成的原因多种多样[58-60]，有应力诱发，也有热诱发的。在材料内部，当局部应力超过其局部强度时将会诱发裂纹的成核和扩展，其中还有微裂纹之间复杂的交叉影响而诱发的新微裂纹及彼此串级的过程。毫无疑问，这些结果对于人们认识损伤演化诱致灾变的过程有着巨大的帮助。后来，CT 技术[61-64]的引入实现了微损伤的三维演化的观测与描述，并能在更小尺度上监测损伤的发展。

这些基于材料变形过程中微损伤演化的试验观测和分析，充分表明微裂纹的成核、扩展和彼此的相互作用是主导宏观破坏的内在机理。非均匀脆性介质的破坏与材料内部的微裂纹分布及其微观演化有关，随着加载的进行，材料内部微裂纹数量不断上升，在灾变破坏前会形成一个窄的裂纹高度聚集的区域。材料在受载变形过程中会有各种不同角度的裂纹产生，包括与加载方向平行的劈裂微裂纹和与加载方向成一定角度的剪切微裂纹。材料的最终宏观灾变破坏并非由某一个主裂纹的扩展所致，而是由于微裂纹彼此的相互作用，导致大量的微裂纹发生失稳扩展和串级，最后形成宏观的破裂面，发生宏观灾变破坏。也就是说材料的宏观破坏涉及一个微裂纹相互作用的区域，即局部化区[18, 66-72]。

非均匀脆性介质的损伤破坏现象涉及从微观到宏观多个尺度上的过程和各层次的耦合，大量的微观观察为微损伤的统计描述提供了有利的基础，研究者们发展了很多的方法来对其进行统计描述[73-77]。但是，基于连续介质力学的唯象损伤描述在反映物理机理方面有着其内在的局限性。白以龙、夏蒙棻等[13,38-41,78,79]在多年理论和试验研究的基础上，把力学与统计物理学及非线性科学结合起来，建立了统计细观损伤力学和损伤演化诱致灾变理论。作为一种对大量细观对象的统计理论，统计细观损伤力学包括细观描述、统计描述和宏观描述三个层次。在细观层次上该理论给出决定微损伤状态变化的细观动力学，并通过统计描述定义能描写大量微损伤系统的概率分布函数，导出确定该分布函数变化的统计演化方程，从统计分布函数出发，进行宏观描述。他们发现非均匀脆性介质损伤演化到最后发生宏观灾变破坏的过程实际是一个损伤演化诱致灾变的过程[13,38-41]。

微损伤发展过程的观察表明，在岩石受载变形过程中，微裂纹会由初始的空间随机分布逐渐转向局部性的集中，随后局部化进一步发展导致最后的宏观破坏[47]。这些试验观测表明，岩石断层或断裂面并非由单一裂纹扩展形成，而是与局部化区微裂纹的扩展和相互串级有关(图 1-6)[47]。研究[47,53,80,81]表明，岩石试样破坏前，在断裂面(或称为断层区)附近有着很高的裂纹密度，而在这个区域以外的裂纹密度则相对较低，高密度的微裂纹的相互串级和相互作用导致了试样最终的宏观破坏。

但是，局部化现象是一种宏观局部尺度上的现象，与微损伤的细观尺度不在一个层次上。局部化可能不能简单地归结为微损伤数目的增加和高数密度区的形成，损伤的连接过程导致的损伤跨尺度发展可能会形成具有局部更大尺度上的损

图 1-6 微损伤的串级和局部化的微观观测图(来自文献[49])

伤,所以在材料损伤演化诱致灾变过程中,局部化及其发展的表征,无论对于灾变破坏过程的理解,还是对于局部化现象本身的理解,都非常关键。

变形和损伤是材料通向灾变破坏的两个基本的响应量,在实际监测中,对两种信号进行监测的常用方法分别为全球导航卫星系统(Global Navigation Satellite System,GNSS)和损伤事件的监测。在实验室,散斑方法[82-85]和声发射技术[86-92]是监测变形与损伤的两个较普遍的方法。岩石受载变形过程中的表面应变场[93-95]和声发射场[86-88]的试验观测,非常直观地观察到了宏观破坏前的变形场和声发射场演化局部化现象。图 1-7 是 Lockner 等[65,86]声发射定位测量的试验结果。图中试样上的小黑点是声发射事件。可以看出,在加载早期,声发射事件的分布是离散而随机的。随后,随着加载的进行,声发射事件发生聚集并最后形成一个明显的局部化带。

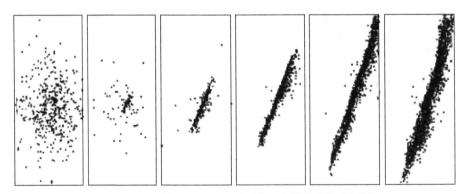

图 1-7 声发射定位试验观测到的声发射的演化过程[86]

事实上,局部化是非弹性变形的一个重要特征,广泛出现在金属、混凝土以及岩石类工程地质材料变形破坏过程中[94-96]。从较小的单晶中的局部化变形带到大的地壳断层剪切区，各种不同尺度上的局部化现象在材料微结构演化通向灾变破坏过程中扮演着非常重要的角色，主导着材料或结构演化过程，对材料后期的力学性能的刻画起着决定性作用。

在认识和理解材料损伤和变形局部化现象方面，研究者们发展和引入了多种方法。一般来说，局部化的发展是由材料的非均匀和非线性行为引起的[97]。Rudnicki 和 Rice[98]通过线性稳定性方法分析了一个均匀材料体在给定的本构关系和边界条件下是否会发生局部化的问题。基于线性稳定性分析[98,99]导出的均匀场线性失稳的条件，可能对应于均匀场向局部化转变的条件。该方法的优点是它可基于平均场模型导出，这种线性稳定分析回答的是对平均场发生微小偏离时是否会进一步发展长大的问题。但是，局部化区的形成是损伤场非线性发展的问题，仅有均匀损伤线性失稳的条件是不足以回答的。尤其是对于本身就非均匀的材料，这些方法将很难描述其局部化过程。

白以龙、夏蒙棻等[13,38-40]提出的统计细观损伤模型对固体微损伤成核、扩展与愈合进行了统计描述，并通过跨尺度分析将材料的微结构效应与其宏观力学行为，特别是与破坏联系起来，发现初始随机的微损伤发展会在后期形成宏观上的局部化区，因此，损伤局部化可能是材料最终破坏的一个内在机理和可能前兆，并通过数值模拟说明了非均匀脆性介质局部化区损伤串级诱发宏观灾变破坏的过程[100,101]。

岩石等非均匀脆性材料破坏的非线性演化过程，牵涉材料内部的跨尺度耦合效应[13]。损伤演化诱致灾变破坏过程中，试样的最终破坏面并非一个理想的平面。最终的宏观破坏决定于局部化区微裂纹或微损伤之间的相互作用和相互串级，局部化区应有着其自身特征尺度[18,102-104]。譬如，Roscoe[103]以及 Scarpelli 和 Wood[104]认为砂岩局部化剪切带的宽度大约为其平均晶粒尺寸的 10～20 倍。Lockner 等[86]通过对岩石损伤变形破坏过程中声发射的试验观察，估计出在他们试验所用花岗岩试样垂直于宏观破裂面方向的断裂过程区的厚度约为 2～5mm。但是，这些数据主要还是研究者们凭直观感觉给出来的，缺乏物理根据，具有一定的随意性，并没有将局部化区的尺度与材料的最终宏观灾变破坏联系起来。而这两者直接的联系，恰恰是理解局部化效应的关键。

变形和损伤的局部化导致材料通常具有较小的宏观破坏区的尺寸，即试样最后的宏观灾变破坏发生在比试样尺寸要小得多的局部化区[18]。所以对灾变破坏进行预测时，不能再用整体平均场来对试样进行描述，灾变破坏决定于局部化区的尺寸和特征。从而在实际情况下，怎样量化地去将局部化区和非局部化区进行区分，成为了问题的关键。

1.3　灾变破坏预测的困难与探索

1.3.1　灾变破坏预测困难的关键

非均匀脆性固体灾变破坏时间预测是地震等灾害防治的前沿核心课题。"灾变式破坏转变"，即损伤累积向突发性的灾变式自持破坏的转变，是灾变破坏区别于渐进式失效过程的根本特征。"灾变式破坏转变"的不确定性是灾变破坏预测困难的根源。

通向"灾变式破坏转变"过程的描述，即破坏前兆研究，是探索大地震这类概率小、后果严重事件预测的一个有效途径。趋向灾变式破坏转变点时，响应量呈现的临界幂律奇异性加速前兆特征，被广泛证实是一个有效的物理前兆[38,105,106]。但是，实际监测中加速前兆呈现出不确定性，有的灾变破坏前甚至没能监测到明显加速前兆[107]，其内在原因还有待揭示。前兆不确定性是关于地震等灾变破坏能否预测争议[108,109]的一个核心问题。我们的理论和试验研究[15,110]表明，只有基于灾变式破坏转变特征定义的响应函数，才会在趋向于灾变式破坏转变点时，呈现相应的前兆趋势。因此，实际监测中前兆的明显差异，可能对应着灾变式破坏转变的不同种类。

在实地监测和实验室试验中，地震(声发射)事件、变形等监测量累积量时程通常对应的是监测范围内不同尺度和空间位置响应的综合信息。地震等破坏通常发生在地壳或试样中的局部位置。所以，宏观灾变破坏通常不会与所有尺度和位置上的损伤信息都直接关联，构成灾变破坏前兆的信息也不应是包含所有响应的综合信号。目前，由于对灾变式破坏转变类型的探索性认识还不够，损伤事件间的关联特征还有待揭示，制约着前兆趋势的理解与识别。开展这方面研究，并探索应用于地震等前兆趋势的提取，将能为地震破坏过程的理解与预测提供新的视角和可能的途径。

损伤演化诱发灾变式破坏转变的过程涉及损伤的聚集、随机分布式损伤、新裂纹萌生和既有裂纹的扩展等构成的复杂过程。目前，对损伤的监测方法和定性描述(如损伤聚集或局部化等)研究较多，对这些过程与"灾变式破坏转变"特征的关联分析则显得不够，也导致了前兆提取与识别的困难。

1.3.2　灾变破坏前兆响应趋势与预测探索

对于"灾变式破坏转变"的刻画，目前主要有两种方式，一种是尖点灾变模型[25]，另一种是与之等价的准静态能量准则[10,38,110]。从能量平衡角度，灾变破坏通常描述为无外界功输入时的一种突发性的自持破坏[25,38,110]。灾变破坏转变之前的整个过程，变形等响应量累积量连续演化，直到灾变破坏点，伴随突然的宏观破坏，响应量产生突跳[12,25,110]。也就是说，突发性灾变破坏通常伴随着应力或能量的突然释放。基于该认识，有研究者[111,112]试图将其与物理学中的相变进行类比，由此带来了灾变破坏是一阶相变还是二阶相变的争论。不过，损伤发展诱发的灾变破坏，虽然是一种失稳转变，但显然与物理学或化学中的相变不完全等同[109]。由于一阶、二阶相变含义的本质不同，两种比拟观点的不同反应的是对灾变式破坏转变类型认识的差异。

灾变式破坏转变触发机理与孕育过程的实际经验认识和理论结果，推动了物理前兆的研究[38,105,106,113-120]，产生了很多关于灾变破坏过程与预测前兆方面的研究成果。尹祥础课题组[117-120]提出了一个定量地表征地震孕育过程的参数——加卸载响应比(简称 LURR)，并在将该理论应用于地震预测方面取得了重要的探索性认识。许强和黄润秋等[121,122]分析了地质灾害发生频率的幂律规则，给出了进行滑坡早期预警的方法。马瑾课题组[123]基于卫星热红外信息与断层活动的关系、前兆与岩石和断层构造之间的关联等，寻找物理量在进入亚失稳状态的响应特征。白以龙课题组[13,15,38,110,124]揭示了临界幂律奇异性前兆和临界敏感性、跨尺度涨落等灾变破坏的共性前兆，阐明了这些前兆与灾变破坏之间的关系。这些物理前兆的揭示，一方面为破坏预测提供了有价值的线索，另一方面也构成了理解灾变式破坏转变机理的基础。

基于灾变破坏的准静态能量准则，灾变破坏可以描述为控制变量的一个无穷小增量会诱发一个有限响应，从而，在灾变破坏点，响应量相对于控制量的变化率呈现出奇异性特征[15,38,110]。实地测量数据[105,106,122]和实验室结果[15,106,110,125,126]表明，响应量变化率加速地趋于发散的过程可以描述为距离破坏时间的幂律关系

$$\dot{\Omega} = C\left(t_f - t\right)^{-\beta} \tag{1-4}$$

其中，t 和 Ω 是监测时间和响应量(如声发射、变形)，t_f 代表破坏时间。基于该临界幂律奇异性特征，可以推算破坏时间(图 1-8)，并据此发展了很多改进预测精度的方法。该加速前兆的巨大成功，表明基于灾变式破坏转变机理提取前兆的可行性和重要性。

一个重要的问题是，实际监测中临界幂指数呈现出较大分散性[127,128]。根据单调加载下触发灾变破坏的能量准则，由响应量相对于控制量变化定义的响应函数在灾变式破坏转变点具有奇异性特征。据此，在灾变式破坏转变点邻域进行渐近分析，得出的临界幂指数 β 的取值范围应在 0.5 至 1.0 之间[110,129]。

但是，综合实地监测、实验室试验、理论模型和数值计算结果，临界幂指数 β 出现了 0~3 范围内的多种取值[127,128]。这个取值明显大大超出了目前基于准静态能量准则导出的取值范围，这么大的偏差，应不完全是监测数据误差和数据处

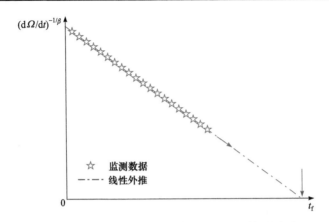

图 1-8　基于临界幂律加速前兆预测破坏时间的方法

理方面的原因。从力学原理上看，可能是响应趋势与目前准静态能量准则导出的灾变式破坏转变特征不一致。

从幂律奇异性表达式(1-4)可以看出，当$\beta > 1$时，数学积分后表明监测累积量Ω在破坏时呈现奇异性发散趋势，这从物理的直观理解上存在着不合理性，其可能对应着一种区别于$\beta < 1$的失稳转变模式；而当$\beta = 1$时，可能是两种灾变式转变模式的分界线。

另一方面，当$\beta < 0.5$时，由幂律奇异性表达式(1-4)得出，在破坏点$(dt/d\Omega)_f = 0$且$\left(d^2t/d\Omega^2\right)_f$趋于无穷大，如此，则在灾变式破坏转变点曲线曲率趋于无穷大，这可能又对应着另外一种失稳转变模式。这些只是数学上的一个初步理解，具体物理机理还有待揭示。这些监测结果表明，探明灾变式破坏转变类型，是澄清前兆加速过程差异的实际需求。

从灾变破坏机理上看，响应函数前兆加速过程的差异，一方面决定于内部损伤演化过程，另一方面受加载控制方式和外部环境条件影响。在实地尺度上，基于地震事件监测到了地震、岩崩等破坏的前兆特征[105,106,130]，也有基于变形等监测到的滑坡[122,131]、火山喷发、岩崩的加速前兆[128,130]，但是在有的事件发生前却没有监测到类似的加速前兆[106]。从变形场和微裂纹演化监测结果来看，变形和破坏斑图的发展在时间和空间上均呈现出一个演化历程。一般来说，前兆是有的[132]，问题在于能否监测和提取[132,133]。

可以看出，理解灾变式破坏转变的特征是准确提取和理解响应前兆特征的基础。灾变破坏前兆的实测和验证数据较为丰富，但对其背后物理原因的分析比较欠缺。由灾变式破坏转变的机理出发，研究灾变式破坏转变的类型，再来分析趋向于灾变式破坏转变临界点时，响应量发展对应的临界趋势，应是一个具有物理基础的前兆提取方法。

参 考 文 献

[1] Chen Y, Kam-Ling T, Chen F B, et al. The Great Tangshan Earthquake of 1976: An Anatomy of Disaster[M]. New York: Pergamon Press, 1988.

[2] Abercrombie R E, Mori J. Occurrence patterns of foreshocks to large earthquakes in the Western United States[J]. Nature, 1996, 381: 303-307.

[3] Ohnaka M. Rupture in the laboratory[J]. Science, 2004, 303(19): 1788-1789.

[4] Stoddart D R. Catastrophic damage to coral reef communities by earthquake[J]. Nature, 1972, 239: 51-52.

[5] Munawar C M, Chen L. The catastrophic failure of thermally tempered glass caused by small-particle impact[J]. Nature, 1986, 320: 48-50.

[6] Wyss M. Why is earthquake prediction research not progressing faster?[J]. Tectonophysics, 2001, 338: 217-233.

[7] Geller R J, Jackson D D, Kagan Y Y, et al. Earthquakes cannot be predicted[J]. Science, 1997, 275: 1616-1617.

[8] Wyss M. Cannot earthquakes be predicted?[J]. Science, 1997, 278: 487-490.

[9] Main I G. Is the reliable prediction of individual earthquakes a realistic scientific goal? [OL] 2004. http://www.nature.com/nature/debates/earthquake/ equake_frameset.html (25 February, 1999).

[10] Salamon M D G. Stability, instability and design of pillar workings[J]. Int J Rock Mech Min Sci, 1970, 7(6): 613-631.

[11] Wawersik W R, Fairhurst C. A study of brittle rock fracture in laboratory compression[J]. Int J Rock Mech Min Sci, 1970, 7(5): 561-575.

[12] Sornette D. Predictability of catastrophic events: Material rupture, earthquakes, turbulence, financial crashes, and human birth[J]. Proc Nat Acad Sci USA, 2002, 99: 2522-2529.

[13] Bai Y L, Wang H Y. Statistical mesomechanics of solid, linking coupled multiple space and time scales[J]. Applied Mechanics Reviews, 2005, 58(6): 372-388.

[14] Labuz J F, Biolzi L. Class I vs Class Ⅱ stability: A demonstration of size effect[J]. Int J Rock Mech Min Sci & Geomech Abstr, 1991, 28(2/3): 199-205.

[15] Hao S W, Rong F, Lu M F, et al. Power-law singularity as a possible catastrophe warning observed in rock experiments[J]. Int J Rock Mech Min Sci & Geomech Abstr, 2013, 60: 253-262.

[16] 郝圣旺. 非均匀介质的变形局部化、灾变破坏及临界奇异性[D]. 北京: 中国科学院研究生院, 2007.

[17] 乔健. 单轴压缩下混凝土软化特征与破坏模式研究[D]. 秦皇岛: 燕山大学, 2011.

[18] Hao S W, Wang H Y, Xia M F, et al. Relationship between strain localization and catastrophic rupture[J]. Theor Appl Fract Mech, 2007, 48: 41-49

[19] Jeager J C, Cook N G W, Zimmerman R. Fundamentals of Rock Mechanics[M]. London: Wiley-Blackwell, 2007.

[20] Rudnicki J W, Rice J R. Conditions for the localization of deformation in pressure-sensitive dilatant materials[J]. J Mech Phys Solids, 1975, 23(6): 371-394.

[21] Spaeth W. Einfluss der federung der zerreissmaschine auf das spannungs-dehungs-schaubild[J]. Arch Eisenhuettenwesen, 1935, 6: 277-283.

[22] Whitney C S. Discussion on a paper by V. P. Jensen[J]. J Am Concr Inst, 1943, 39: 5842-5846.

[23] Hudson J A, Brown E T, Fairhurst C. Optimizing the control of rock failure in servo-controlled laboratory tests[J]. Rock Mech, 1971, 3: 217-224.

[24] 彭瑞东, 谢和平, 鞠杨, 等. 试验机弹性储能对岩石力学性能测试的影响[J]. 力学与实践, 2005, 27(3): 51-55.

[25] 唐春安. 岩石破裂过程中的灾变[M]. 北京: 煤炭工业出版社, 1993.

[26] Barnard P R. Researches into the complete stress-strain curve for concrete[J]. Mag Concr Res, 1964, 16(49): 203-210.

[27] Berhard P K. Influence of the elastic constant of tension testing machines[J]. ASTM Bull, 1937, 88: 14-15.

[28] Cook N G W. The failure of rock[J]. Int J Rock Mech Min Sci, 1965, 2: 289-403.

[29] Cook N G W, Hojem J P M. A rigid 50-ton stiff testing machine[J]. S Afr Mech Eng, 1966, 16: 89-92.

[30] Hughes B P, Chapman G P. The complete stress-strain curve for concrete in direct tension[J]. Bull RILEM, 1966, 30: 95-97.

[31] 陈升强. 刚性加荷技术和加荷形式对岩石变形全过程力学性态的影响[J]. 力学与实践, 1984, 4: 42-44.

[32] Hardy H R, Stefanko R, Kimble J E J. An automated test facility for rock mechanics research[J]. Int J Rock Mech Min Sci, 1971, 8(1): 17-28.

[33] Okubo S, Fukui K, Nishimatsu Y. Control performance of servo-controlled testing machines in compression and creep tests[J]. Int J Rock Mech Min Sci Geomech Abstr, 1993, 30(3): 247-255.

[34] Wawersik W R, Brace W F. Post-failure behavior of a granite and diabase[J]. Rock Mech, 1971, 3(2): 61-85.

[35] Labuz J F. The problem of machine stiffness revisited[J]. Geophys Res Lett, 1991, 28(3): 439-442.

[36] 冯西桥, 余寿文. 准脆性材料细观损伤力学[M]. 北京: 高等教育出版社, 2002.

[37] Feng X Q, Yu S W. Damage micromechanics for constitutive relations and failure of microcracked quasi-brittle materials[J]. Int J Damage Mech, 2010, 19(1): 1-17.

[38] Bai Y L, Xia M F, Ke F J. Statistical Meso-mechanics of Damage and Failure: How Microdamage Induces Disaster[M]. Beijing; Singapore: Science Press, LNM, Springer, 2019.

[39] 夏蒙棼, 韩闻生, 柯孚久, 等. 统计细观损伤力学和损伤演化诱致灾变 I [J]. 力学进展, 1995, 25(1): 1-38.

[40] 夏蒙棼, 韩闻生, 柯孚久, 等. 统计细观损伤力学和损伤演化诱致灾变 II [J]. 力学进展, 1995, 25(2): 145-173.

[41] Xia M F, Ke F J, Wei Y J, et al. Evolution induced catastrophe in a nonlinear dynamical model of materials failures[J]. Nonlinear Dynam, 2000, 22: 205-224.

[42] Fairhurst C, Cook N G W. The phenomenon of rock splitting parallel to the direction of maximum compression in the neighborhood of a surface[C]. Proc Congr Int Soc Rock Mech 1st, 1966, 1:

687-692.

[43] Friedman M, Perkins R D, Green S J. Observation of brittle-deformation features at the maximum stress of Westerly granite and Solenhofen limestone[J]. Int J Rock Mech Min Sci, 1970, (7): 297-306.

[44] Hallbauer D K, Wagner H, Cook N G W. Some observation concerning the microscopic and mechanical behavior of quartzite specimens in stiff, triaxial compression tests[J]. Int J Rock Mech Min Sci Geomech Abstr, 1973, (10): 713-726.

[45] 赵永红. 受压岩石中裂纹发育过程及分维变化特征[J]. 科学通报, 1995, 40(7): 621-623.

[46] Kranz R L. Crack-crack and crack-pore interactions in stressed granite[J]. Int J Rock Mech Min Sci Geomech Abstr, 1979, 16: 37-47.

[47] Kranz R L. Microcracks in rocks: A review[J]. Tectonophysics, 1983, 100: 449-480.

[48] Olsson W A, Peng S S. Microcrack nucleation in marble[J]. Int J Rock Mech Min Sci Geomech Abstr, 1976, (13): 53-59.

[49] Paterson M S. Experimental deformation and faulting in Wombeyan marble[J]. Bull Geol Soc Am, 1958, (69): 495-476.

[50] Peng S S, Johnson A M. Crack growth and faulting in cylindrical specimens of Chelmsford granite[J]. Int J Rock Mech Min Sci, 1972, (9): 37-86.

[51] Scholz C H. Experimental study of the fracturing process in brittle rock[J]. J Geophys Res, 1968, (73): 1447-1454.

[52] Tapponnier P, Brace W F. Development of stress-induced microcracks in Westerly granite[J]. Int J Rock Mech Min Sci Geomech Abstr, 1976, (13): 103-112.

[53] Wong T F. Micromechanics of faulting in Westerly granite[J]. Int J Rock Mech Min Sci Geomech Abstr, 1982, (19): 49-64.

[54] Sprunt E, Brace W F. Direct observation of microcavities in crystalline rocks[J]. Int J Rock Mech Min Sci, 1974, (11): 139-150.

[55] Kranz R L. Crack growth and development during creep of Barre granite[J]. Int J Rock Mech Min Sci, 1979, (16): 23-25.

[56] Padovani E R, Shirly S B, Simmons G. Characteristics of microcracks in amphibolite and granulite facies grade rocks from southeastern Pennsylvania[J]. J Geophys Res, 1982, (87): 8605-8630.

[57] Gallagher J J, Friedman M, Handin J, et al. Experimental studies relating to microfractures in sandstone[J]. Tectonophysics, 1974, 21: 203-247.

[58] Das E S P, Marcinkowski M J. Accommodation of the stress field at a grain boundary under heterogeneous shear:initiation of microcrack[J]. J Appl Phys, 1972, (43): 4425-4434.

[59] Liu H P, Libanos A C R. Dilatancy and precursory bulging along incipient fracture zones in uniaxially compressed Westerly granite[J]. J Geohpys Res, 1976, (81): 3495-3510.

[60] Soga N, Mizutani H, Spetzler H J, et al. The effect of dilatancy on velocity anisotropy in Westerly granite[J]. J Geophys Res, 1978, (83): 4451-4458.

[61] Ge X, Ren J, Pu Y, et al. Real-in time CT test of the rock meso-damage propagation law[J]. Sci China Ser E: Technological Sciences, 2001, 44(3), 328-336.

[62] Feng X T, Chen S, Zhou H. Real-time computerized tomography (CT) experiments on sandstone damage evolution during triaxial compression with chemical corrosion[J]. Int J Rock Mech Min Sci, 2004, 41(2): 181-192.

[63] 葛修润. 煤岩三轴细观损伤演化规律的 CT 动态试验[J]. 岩石力学与工程学报, 1999, 18(5): 497-502.

[64] Renard F, McBeck J, Kandula N, et al. Volumetric and shear processes in crystalline rock approaching faulting[J]. P Natl Acad Sci USA, 2019, 116(33): 16234-16239.

[65] Reches Z, Lockner D A. Nucleation and Growth of faults in brittle rocks[J]. J Geophys Res, 1994, 99(B9): 18159-18173.

[66] Zhang H, Huang G Y, Song H P, et al. Experimental characterization of strain localization in rock[J]. Geophys J Int, 2013, 194: 1554-1558.

[67] Zhao L Y, Shao J F, Zhu Q Z. Analysis of localized cracking in quasi-brittle materials with a micro-mechanics based friction-damage approach[J]. J Mech Phys Solids, 2018, 119: 163-187.

[68] 卢梦凯, 张洪武, 郑勇刚. 应变局部化分析的嵌入强间断多尺度有限元法[J]. 力学学报, 2017, 49(3): 649-658.

[69] 王增会, 李锡夔. 基于介观力学信息的颗粒材料损伤——愈合与塑性宏观表征[J]. 力学学报, 2018, 50(2): 284-296.

[70] Xue J, Hao S W, Yang R, et al. Localization of deformation and its effects on power-law singularity preceding catastrophic rupture in rocks[J]. Int J Damage Mech, 2019, 29(1): 86-102.

[71] Hao S W, Wang P, Hu Y D, et al. Localization pattern evolution of rock under uniaxial compression experiments[C]. The 24th International Congress of Theoretical and Applied Mechanics (ICTAM), Montreal, Canada, 21-26 August, 2016.

[72] Hao S W, Xia M F, Ke F J, et al. Evolution of localized damage zone in Heterogeneous media[J]. Int J Damage Mech, 2010, 19(7): 787-804.

[73] 黄筑平, 杨黎明, 潘客麟. 材料的动态损伤与失效[J]. 力学进展, 1993, 23: 433-467.

[74] Scholz C H. The frequency-magnitude relation of microfracturing in rock and its relation to earthquakes[J]. Bull Seismol Soc Am, 1968, 58: 399-415.

[75] Vere-Jones D. Statistical theories of crack propagation[J]. Math Geol, 1977, 9: 455-481.

[76] Krajcinovic D. A. Rinaldi. Statistical damage mechanics-Part I : theory[J]. J Appl Mech, 2005, 72: 76-85.

[77] Krajcinovic D, Silva M A G. Statistical aspects of the continuous damage theory[J]. Int J Solids Struct, 1982, 18: 551-562.

[78] Bai Y L, Xia M F, Ke F J, et al. A self-closed system of equation evolution[J]. Int J Fract, 1996, 78: 331-334.

[79] Bai Y L, Xia M F, Ke F J, et al. Damage field equation and criterion for damage localization[M]. // Wang R. Rheology of Bodies with Defects. Dordrecht: Kluwer Academic Publishers, 1998: 55-66.

[80] Hoagland R G, Hahn G T, Rosenfield A R. Influence of microstructure on fracture propagation in rock[J]. Rock Mech, 1973, 5: 77-106.

[81] Tullis J, Yund R A. Experimental deformation of dry Westerly granite[J]. J Geophys Res, 1977, 82: 5705-5718.

[82] Pan B, Qian K M, Xie H M, et al. Two-dimensional digital image correlation for in-plane displacement and strain measurement: a review[J]. Meas Sci Technol, 2009, 20: 062001.

[83] Jiang Z Y, Zhang Q C, Jiang H F, et al. Spatial characteristics of the Portevin-Le Chatelier deformation bands in Al-4 at%Cu polycrystals[J]. Mater Sci Eng A, 2005 ,403: 154-164.

[84] Xing T Z, Zhu H B, Wang L, et al. High accuracy measurement of heterogeneous deformation field using spatial-temporal subset digital image correlation[J]. Measurement, 2020, 156: 107605.

[85] Xu X H, Ma S P, Xia M F, et al. Damage evolution and damage localization of rock[J]. Theor Appl Fract Mech, 2004, 42: 131-138.

[86] Lockner D A, Byerlee J D, Kuksenko V, et al. Quasi-static fault growth and shear fracture energy in granite[J]. Nature, 1991, 350(7): 39-42.

[87] Sondergeld C H, Estey L H. Acoustic emission study of microfracturing during the cycling loading of Westerly grantie[J]. J Geophys Res, 1981, 86: 2915-2924.

[88] Stanchits S, Dresen G. Separation of tensile and shear cracks based on acoustic emission analysis of rock fracture[C]. Proc. The Int. Sym: Non-Destructive Testing in Civil Engineering(NDT-CE), Berlin, Germany, 2003: 107-110.

[89] 陈颙, 于小红. 岩石样品变形时的声发射[J]. 地球物理学报, 1984, 27(4): 392-401.

[90] 陈颙. 声发射技术在岩石力学研究中的应用[J]. 地球物理学报, 1977, 20(4): 312 -322.

[91] 李庶林, 尹贤刚, 王泳嘉, 等. 单轴受压岩石破坏全过程声发射特征研究[J]. 岩石力学与工程学报. 2004, 23(15): 2499-2503.

[92] Liu H P, Livanos A C R. Dilarancy and precursory bulging along incipient fracture zones in uniaxially compressed Westerly granite[J]. J Geophys Res, 1976, 81: 3495-3510.

[93] Sobolev G, Spetzler H, Salov B. Precursors to failure in rock while undergoing an elastic deformations[J]. J Geophys Res, 1978, (83): 1775-1784.

[94] Spetzler H A, Sobolev G A, Sodergeld C H, et al. Surface deformation, crack formation and acoustic velocity changes in pyrophyllite under polyaxial loading[J]. J Geophys Res, 1981, 86: 1070-1080.

[95] Poirier J P. Shear localization and shear instability in materials in the ductile field[J]. J Struct Geol, 1980, 2: 135-142.

[96] Anand L, Spitzig W A. Initiation of localized shear bands in plane strain[J]. J Mech Phys Solids, 1980, 28: 113-128.

[97] Poirier C, Ammi M, Bideau D, et al. Experimental study of the geometrical effects in the localization of deformation[J]. Phys Rev Lett, 1992, 68(2): 216-219.

[98] Rudnicki J W, Rice J R. Conditions for the localization of deformation in pressure-sensitive dilatant materials[J]. J Mech Phys Solids, 1975, 23: 371-394.

[99] Bai Y L, Bai J, Li H L, et al. Damage evolution localization and failure of solid subjected to impact loading[J]. Int J Impact Eng, 2000, 24: 685-701.

[100] 荣峰. 非均匀脆性介质损伤演化的多尺度数值模拟[D]. 北京: 中国科学院力学研究所, 2006.

[101] Rong F, Wang H Y, Xia M F, et al. Catastrophic rupture induced damage coalescence in heterogeneous brittle media[J]. Pure Appl Geophys, 2006, 163: 1847-1855.

[102] Carlson J, Bird J. Development of sample-scale shear-bands during necking of ferrite-austenite sheet[J]. Acta Metall, 1987, 35(7): 1675-1701.

[103] Roscoe K H. The influence of strains in soil mechanics,10th Rankine Lecture[J]. Geotechnique, 1970, 20(2): 129-170.

[104] Scarpelli G, Wood D M. Experimental observations of shear band patterns in direct shear tests[C]. Proceedings IUTAM Conference on Deformation and Failure of Granular Materials, Delft (Balkema Publ. Rotterdam), 1982: 473-484.

[105] Bell A F, Naylor M, Hernandez S, et al. Volcanic eruption forecasts from accelerating rates of drumbeat long-period earthquakes[J]. Geophys Res Lett, 2018, 45(3): 1339-1348.

[106] Voight B, Cornelius R R. Prospects for eruption prediction in near real-time[J]. Nature, 1991, 350: 695-698.

[107] Wu C, Peng Z, Meng X, et al. Lack of spatio-temporal localization of foreshocks before the 1999 Mw7.1 Duzce, Turkey earthquake[J]. Bull Seismol Soc Am, 2014, 104(1): 560-566.

[108] Jordan T H, Chen Y T, Gasparini P, et al. Operational earthquake forecasting: state of knowledge and guidelines for utilization[J]. Ann Geophys, 2011, 54 (4): 315-391.

[109] Aki K. A new view of earthquake and volcano precursors[J]. Earth Planets Space, 2004, 56: 689-713.

[110] Xue J, Hao S W, Wang J, et al. The changeable power law singularity and its application to prediction of catastrophic rupture in uniaxial compressive tests of geomedia[J]. J Geophys Res Solid Earth, 2018, 123(4): 2645-2657.

[111] Zapperi S, Ray P, Stanley H E, et al. First-order transition in the breakdown of disordered media[J]. Phys Rev Lett, 1997, 78: 1408-1411.

[112] Moreno Y, Gómez J B, Pacheco A F. Fracture and second-order phase transitions[J]. Phys Rev Lett, 2000, 85: 2865-2868.

[113] Long H, Liang L H, Wei Y G. Failure characterization of solid structures based on an equivalence of cohesive zone model[J]. Int J Solids Struct, 2019, 163: 194-210.

[114] Zhang J Z, Zhou X P. Forecasting catastrophic rupture in brittle rocks using precursory AE time series[J]. J Geophys Re Solid Earth, 2020, 125: e2019JB019276.

[115] Jin Y, Xia M F, Wang H Y. Uncertainty and universality in the power-law singularity as a precursor of catastrophic rupture[J]. Sci China Phys Mech Astron, 2012, 55(6): 1098-1102.

[116] Vere-Jones D, Robinson R, Yang W. Remarks on the accelerated moment release model-problems of model formulation, simulation and estimation[J]. Geophys J Int, 2001, 144: 517-531.

[117] Yin X C, Chen X Z, Song Z P, et al. A new approach to earthquake prediction: the load/unload response ratio (LURR) theory[J]. Pure Appl Geophys, 1995, 145: 701-715.

[118] Yin X C, Yu H Z, Kukshenko V, et al. Load-unload response ratio (LURR), accelerating moment/energy release (am/er) and state vector saltation as precursors to failure of rock specimens[J]. Pure Appl Geophys, 2004, 161(11-12): 2405-2416.

[119] 尹祥础, 刘月. 加卸载响应比——地震预测与力学的交叉[J]. 力学进展, 2013, 43(6): 555-580.

[120] 刘月. 加卸载响应比用于地震预测若干问题的研究[D]. 北京: 中国科学院研究生院, 2014.

[121] 许强, 黄润秋. 地质灾害发生频率的幂律规则[J]. 成都理工学院学报, 1997, 24(增刊): 91-96.

[122] Fan X M, Xu Q, Liu J, et al. Successful early warning and emergency response of a disastrous rockslide in Guizhou Province, China[J]. Landslides, 2019, 16: 2445-2457.

[123] 马瑾, 汪一鹏, 陈顺云, 等. 卫星热红外信息与断层活动关系讨论[J]. 自然科学进展, 2005, 15(12): 1467-1475.

[124] Xia M F, Wei Y J, Ke F J, et al. Critical sensitivity and trans-scale fluctuations in catastrophic rupture[J]. Pure Appl Geophys, 2002, 159: 2491-2509.

[125] Lavallée Y, Meredith P G, Dingwell D B, et al. Seismogenic lavas and explosive eruption forecasting[J]. Nature, 2008, 453: 507-510.

[126] Hao S W, Zhang B J, Tian J F, et al. Predicting time-to-failure in rock extrapolated from secondary creep[J]. J Geophys Res Solid Earth, 2014, 119: 1942-1953.

[127] Voight B. A relation to describe rate-dependent material failure[J]. Science, 1989, 243(4888): 200-203.

[128] Hao S W, Yang H, Elsworth D. An accelerating precursor to predict "time-to-failure" in creep and volcanic eruptions[J]. J Volcanol Geotherm Res, 2017, 343(1): 252-262.

[129] 薛键. 非均匀介质在压缩载荷下灾变破坏的幂律奇异性前兆及灾变预测[D]. 北京: 中国科学院力学研究所, 2018.

[130] Senfaute G, Duperret A, Lawrence J A. Micro-seismic precursory cracks prior to rock-fall on coastal chalk cliffs: a case study at Mesnil-Val, Normandie, NW France[J]. Nat Hazards Earth Sys Sci, 2009, 9: 1625-1641.

[131] Petley D N, Higuchi T, Petley D J, et al. Development of progressive landslide failure in cohesive materials[J]. Geology, 2005, 33(3): 201-204.

[132] 马瑾. 从"是否存在有助于预报的地震先兆"说起[J]. 科学通报, 2016, 61: 409-414.

[133] 陈运泰. 地震预测: 回顾与展望[J]. 中国科学 D 辑:地球科学, 2009, 39(12): 1633-1658.

第 2 章　灾变破坏物理图像

2.1　灾变破坏转变的能量准则与驱动响应特征

2.1.1　灾变破坏转变的能量准则

突发性的灾变式破坏转变是灾变破坏区别于渐进式失效过程的一个基本特征[1,2]。系统弹性能释放驱动损伤和变形的自持发展，是导致灾变式破坏转变的直接原因[2,3]。图 2-1 是灾变破坏弹性场-非均匀损伤体系统模型，是刻画驱动灾变破坏物理图像的一个直观模型[3-6]。图中的弹簧代表的是自然界中的弹性环境，如地壳中断层围岩、实验室试验中加载架、地下矿柱连接的弹性结构等[4-10]。弹簧下方的损伤体代表断层、矿柱、实验室试验中岩石类非均匀脆性材料试样等。通过控制边界位移 U 单调增加，给弹性场-非均匀损伤体系统加载，用于模拟板块移动和实验室控制作动器位移单调增加等加载过程。

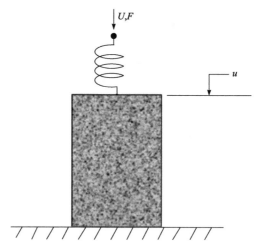

图 2-1　灾变破坏弹性场-非均匀损伤体系统模型

可以看出，在整个加载过程中，损伤体变形不断增长。伴随加载过程，弹簧发生变形并储存弹性能。整个过程共涉及三种能量[11]：一种是伴随边界位移 U 单调增加的外界做功 W_t；第二种是非均匀损伤体损伤和变形需要的能量 W_s；第三种是弹簧储存的弹性能 W_e。

由系统力的平衡，在最大应力点后，弹簧变形将发生弹性回复并释放弹性能。根据能量平衡准则，当弹簧释放的能量增量 ΔW_e 大于或等于非均匀损伤体损伤和变形所需要的能量增量 ΔW_s 时，系统不需要外界做功，仅由系统内部的能量释放即可驱动损伤和变形的自持发展，从而导致系统失稳，发生灾变破坏。因此，当满足如下条件[11]

$$\Delta W_s < -\Delta W_e \tag{2-1}$$

时，系统就是稳定的。式中，ΔW_e 前的负号代表其是弹簧释放的能量增量。

弹簧的弹性能增量可以表示为

$$\Delta W_e = \left(F + \frac{1}{2}\Delta F \right)\Delta u_e \tag{2-2}$$

式中，Δu_e 是弹簧的变形增量，F 是变形过程中所承受的力。根据力的平衡条件，非均匀损伤体发生一个对应的变形增量 Δu 所需要的能量为

$$\Delta W_s = \left(F + \frac{1}{2}\Delta F \right)\Delta u \tag{2-3}$$

将式(2-2)和(2-3)代入式(2-1)，可得

$$-\Delta u_e < \Delta u \tag{2-4}$$

同样道理，式中 Δu_e 前面的负号代表其为弹簧变形的恢复。其中

$$\Delta u_e = \frac{\Delta F}{k_e} \tag{2-5}$$

$$\Delta u = \frac{\Delta F}{\mathrm{d}F / \mathrm{d}u} \tag{2-6}$$

式中，k_e 为弹簧刚度，$\mathrm{d}F / \mathrm{d}u$ 为非均匀损伤体的力-变形曲线 $F(u)$ 的斜率。峰值力之前，$\mathrm{d}F / \mathrm{d}u$ 是正值；峰值力之后，$\mathrm{d}F / \mathrm{d}u$ 是负值。于是，由式(2-4)~(2-6)有

$$k_e > -\mathrm{d}F / \mathrm{d}u \tag{2-7}$$

则在灾变式破坏转变点，有

$$-\mathrm{d}F / \mathrm{d}u = k_e \tag{2-8}$$

即此时非均匀损伤体的力-变形曲线切线斜率的负值与弹性场刚度相等。因此，如果弹性场刚度较大，以至于非均匀损伤体的力-变形曲线演化过程中的所有点切线斜率的负值均不能达到弹性场刚度值，则不会触发灾变式破坏转变，失效过程是渐进式的破坏过程。

2.1.2　灾变破坏转变的驱动响应原理

根据图 2-1 系统中的变形协调条件，边界位移 U 是弹簧变形 u_e 和非均匀损伤

体变形 u 的总和[11,12]，即有

$$U = u_e + u \tag{2-9}$$

对于控制边界位移 U 单调增加的准静态加载模式，边界位移 U 是驱动量，非均匀损伤体变形 u 是响应量。根据灾变式破坏驱动的能量原理，在灾变式破坏转变点，无需外界能量输入，仅仅系统自身弹性场能量释放即可驱动损伤和变形的自持发展，则在灾变破坏转变点有

$$\lim_{U \to U_f} \frac{\Delta U}{\Delta u} = 0 \tag{2-10}$$

或

$$\lim_{U \to U_f} \frac{\Delta u}{\Delta U} \to \infty \tag{2-11}$$

也就是说，在灾变式破坏转变点，驱动量的一个无穷小的增量会诱发一个有限响应。

将灾变式破坏转变的临界条件表达为更一般的形式，可表示为[1-5,11,12]

$$\lim_{\lambda \to \lambda_f} \frac{\Delta \lambda}{\Delta R} = 0，\quad \text{或} \lim_{\lambda \to \lambda_f} \frac{\Delta R}{\Delta \lambda} \to \infty \tag{2-12}$$

式中，R 代表响应量，λ 代表驱动量。如图 2-2 所示[1,3,11,12]，当驱动-响应曲线演化发展到 C 点时，如果响应量 R 要按照路径 CGP 的方式连续稳定发展，则要求驱动量 λ 必须要减小。因此，在驱动量 λ 单调增加的过程中，将会导致响应曲线由 C 点突跳到 P 点，即发生灾变式失稳破坏。

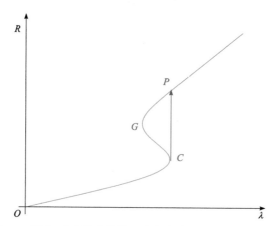

图 2-2　驱动-响应演化曲线。在灾变式破坏转变点 C，响应曲线不能按照路径 CGP 连续演化，而是由 C 点发生突跳到 P 点

2.1.3　灾变破坏与渐进式失效

由灾变破坏能量准则和驱动响应原理可以看出，从损伤和变形演化过程来说，灾变式破坏与渐进式失效过程的根本区别在于系统产生新的损伤和变形是否需要外部能量(做功)的输入[1-3,11,12]。如果系统产生损伤和变形的每一步，都需要外部能量的输入，或者说都需要对应的驱动量增量，那么失效过程将是渐进式的。所以，是否会发生灾变式破坏，主要决定于弹性场刚度与损伤体力-变形曲线 $F(u)$ 的演化特征，更确切地说是力-变形曲线切线斜率的演化特征。图 2-3 给出的是非均匀损伤体力-变形曲线演化过程一定，但弹性场刚度不同时，破坏模式及对应驱动-响应曲线的差异[3,11,12]。这种情况对对应于实验室实验中试样不变，但加载试验机的刚度不同时，所诱发的破坏模式。

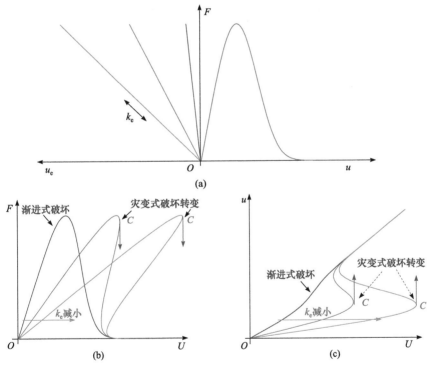

图 2-3　弹性场刚度对破坏模式的影响。力-变形曲线不变，相当于实验室试验中同一个试样，但弹性场刚度(如试验机加载架等的刚度)不同时，破坏模式不同。(a)力-变形曲线。右边是试样力-变形曲线 $F(u)$，左边是不同刚度的弹性场力-变形曲线 $F(u_e)$；(b)不同弹性场刚度时，整个系统的力-边界位移曲线 $F(U)$；(c)不同弹性场刚度时，变形-边界位移曲线 $u(U)$。刚度较大时，破坏模式是渐进式失效过程；刚度减小后，将会在对应曲线 C 点发生灾变式破坏转变，产生灾变破坏

　　图 2-3(a)左边部分是弹性场的力-变形曲线，右边部分对应于损伤体的力-变形曲线。由于三种情况中损伤体是相同的，所以三种情况具有一致的损伤体的力-变形曲线。但三者弹性场刚度不同，所以左边弹性场的力-变形曲线具有不同的斜率。最大载荷点前，弹性场载荷单调增加。随着损伤体进入最大载荷点后阶段，弹性场发生卸载伴随相应的弹性变形恢复。当弹性场刚度大于损伤体载荷-变形曲线切线斜率负值的最大值时，系统变形过程是稳定的，不会发生灾变式破坏转变。否则，将会在最大应力点后，当损伤体力-变形曲线斜率负值等于弹性场刚度时，触发灾变式破坏。

　　图 2-3(b)和(c)给出的是完整的驱动-响应曲线[12]。控制边界位移 U 单调增加的加载过程中，弹性场刚度小的两种情况将会在对应曲线 C 点处发生灾变式破坏转变，与此对应地，驱动-响应曲线将沿箭头指示方向发生突跳。

　　图 2-4 给出的是弹性场刚度一定，损伤体不同时的破坏模式差异特征曲线[12]。

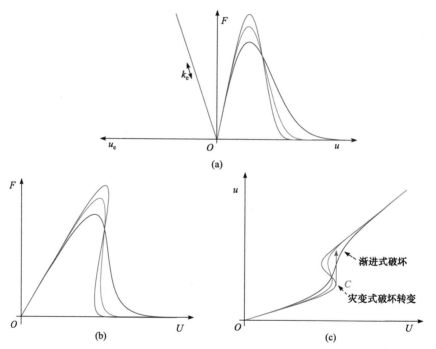

图 2-4　弹性场刚度一定时，不同试样 $F(u)$ 曲线过程的破坏模式。弹性场刚度一定，但是试样的力-位移曲线不同破坏模式的差异。相对于实验室里试验机刚度不变，但测试的是不同试样。(a)力-变形曲线。右边是不同试样的力-变形曲线 $F(u)$，左边是弹性场力-变形曲线 $F(u_e)$；(b)整个系统的力-边界位移曲线 $F(U)$；(c)变形-边界位移曲线 $u(U)$。峰值力点后，$F(u)$ 曲线斜率负值的最大值达不到弹性场刚度值时，破坏是渐进式的；否则，将会在 $F(u)$ 曲线切线斜率负值与弹性场刚度相等的 C 点发生灾变式破坏转变，产生灾变破坏

此种情况相当于实验室里加载试验机刚度一定，但加载测试的是不同试样。三种试样具有不同的力-变形曲线特征。此时是否发生灾变破坏，决定于试样本身最大载荷点后的力-变形曲线演化特征。如果峰值力点后，试样力-变形曲线切线斜率的负值始终不会达到弹性场刚度值，那么破坏是渐进准连续式的。否则，将会在 $F(u)$ 曲线切线斜率等于弹性场刚度 k_e 时触发灾变式破坏转变，发生灾变破坏。

可以看出，灾变破坏的触发决定于弹性场与损伤体之间的相互作用。实际应用中，如何识别和区分弹性场及损伤体，并刻画两种力-变形关系，是据此探索灾变破坏预测的关键。

2.2　灾变破坏的非均匀效应与局部化效应

2.2.1　灾变破坏的非均匀效应

灾变破坏过程的非均匀效应非常复杂，是颗粒尺度的非均匀性主导，还是微观缺陷(如裂纹、孔洞等)尺度非均匀性主导，还不是十分清楚；是微观结构特征主导，还是缺陷数密度、缺陷尺度主导，也还有待揭示。这些因素的不够清晰使得灾变破坏非均匀效应的理解还不是非常令人满意。

很早时，列奥纳多·达·芬奇[13](Leonardo da Vinci)注意到金属丝的拉伸强度会随其长度增加而降低。但是，基于连续介质力学的一个简单分析，我们就能知道具有相同横截面积的金属丝应该具有相同拉伸强度。为什么会产生这个矛盾呢？现在，我们知道是材料的无序非均匀性效应的结果。连续介质力学有一个重要假设，就是将材料处理成理想均匀体。在具有显著非均匀效应的样本中，这个假设常常会与真实情形产生较大偏差[14]。基于材料强度的无序非均匀性特征的认识，人们认为固体的断裂首先会在微裂纹或微缺陷这些"弱点"成核，而当横截面积相同时，金属丝越长，其包含"弱点"的概率越高，所以其强度越低。更为复杂的是，作为典型的非均匀脆性材料，无序非均匀效应及其导致的复杂的应力重分布过程，有时会使得强度高的单元先于强度低的单元发生破坏[15,16]。

准脆性固体通常是由多种矿物晶粒(或骨料)、胶结物及孔隙缺陷等随机分布组成的混合体，微裂纹的成核与发展是驱动宏观灾变破坏的根本[17,18]。这种结构特点直接导致了其内部微观结构的无序非均匀性。微损伤、微缺陷等在空间上的随机分布导致了材料的弹性模量、强度等在空间上的非均匀特征，也导致了固体损伤演化和应力重分布过程在时间和空间上的复杂性[15,16]，从而也直接导致了其宏观响应行为的复杂性和样本个性[19-23]。也就是说，初始平均宏观性质大体相同的样本，其宏观破坏特征会呈现显著差别。这种差异一方面表现为样本最终宏观破坏模式是灾变破坏还是渐进式连续损伤失效的不确定性；另一方面表现为各样本的灾变破坏点的显著差异。

更为棘手的是，准脆性固体受载过程中，其非均匀性会表现在多个不同尺度上，而且这些非均匀性的空间分布是无规的。这种多尺度的无序非均匀性会引起跨尺度的敏感性行为[1,23-25]。尤其在接近灾变破坏时，起初可能并不明显的无序非均匀性和随机性会起关键性作用。但是，两者之间的直接关联还有待揭示。

值得一提的是，准脆性固体的非均匀特征既带来了灾变破坏的复杂性，反过来又会带来灾变破坏的较为明显的前兆行为[19,26]，因此有利于灾变破坏的预测。研究表明，材料的非均匀性越强，其预警可能会越容易。日本在地震预测方面的许多进展就与其对非均匀性与灾变破坏预测的关联的认识有关[26,27]。

驱动阈值非均匀细观模型是一个较常用的比较直观地刻画材料非均匀性模型[1-3,11,12,28-31]，通常假设非均匀损伤体是由众多细观单元组成，每个单元可以具有不同材料常数和强度，从而构成一个非均匀样本整体。该模型中，最简练直观的是各细观单元均为弹脆性的[1-3,28-32]，也就是说每个细观单元达到其对应强度阈值后，即发生断裂退出工作，不再能承受任何载荷。更进一步地简化，可仅考虑每个细观单元强度的非均匀性，不考虑各单元弹性模量的非均匀性。

统计结果表明，强度非均匀通常服从 Weibull 分布特征[33]，即

$$P(f) = \int_0^f p(f_{\text{th}}) \, \mathrm{d} f_{\text{th}} \tag{2-13}$$

式中，$p(f_{\text{th}})$ 是 Weibull 分布的概率密度函数，对应的 $P(f)$ 是 Weibull 分布函数，f_{th} 代表细观单元强度阈值。所以，当各单元承受的真实载荷值达到 f 时，发生断裂的细观单元占比为 $P(f)$。对于常见的双参数 Weibull 分布，概率密度函数可以表示为

$$p(f_{\text{th}}) = (\theta / \eta)(f_{\text{th}} / \eta)^{\theta-1} \exp[-(f_{\text{th}} / \eta)^{\theta}] \tag{2-14}$$

代入式(2-13)可得

$$P(f) = 1 - \exp[-(f / \eta)^{\theta}] \tag{2-15}$$

其中，θ 和 η 为 Weibull 分布参数。

由分布函数的含义可以看出，$P(f)$ 相当于样本的损伤分数，即上文提到的已断裂单元数在初始所有单元总数中所占的比例，通常用 D 来表示。再进一步用参数 η 对力 f 进行归一化处理，可以得到损伤分数

$$D(f) = 1 - \exp[-(f)^{\theta}] \tag{2-16}$$

可以很直观地看出，参数 θ 刻画的是样本所含细观单元的阈值的非均匀程度。θ 的值越大，非均匀程度越小。

对于所有单元均具有完全相同的强度阈值和材料特性，这样一种极端理想的完全均匀样本，每个单元均为线弹性脆性特征，即每个单元断裂前均为线弹性，达到强度阈值时，该单元即发生断裂完全退出工作。所有单元具有相同的强度阈值，导致样本在最大载荷点时，所有细观单元同时断裂，样本发生突然的宏观破坏，没有任何前兆过程。相反，当单元强度是非均匀的时，在整体平均场近似下，强度低的单元先破坏，然后逐渐演化到灾变破坏点。在通向灾变破坏点的过程中，前期发生断裂的单元会产生声发射、变形等响应，从而形成一个趋向于灾变破坏点的响应趋势，也就是前兆过程。所以，样本的非均匀特征又会带来可能作为灾变破坏预测的物理前兆特征。

对于线弹性脆性单元，单元断裂前的线弹性力-变形关系为[11,12,31]

$$f_s = k u_s \tag{2-17}$$

式中，k 为单元刚度，u_s 代表单元发生的变形。整个样本承担的总的外载荷 F 为所有细观单元承担的真实载荷 f_s 的合力。

当单元变形 u 用其长度 l 归一化后的变形 $u = u_s / l$ 时，单元承担的力 f 也相应地用其刚度和长度的乘积 kl，归一化后的力 $f = f_s / (kl)$，于是式(2-17)可以写为

$$f = u \tag{2-18}$$

在整体平均场近似下，当一个单元断裂退出工作以后，其荷载将由剩下的所有完好单元平均分担，于是 F 可以表示为

$$F = (1 - D) f \tag{2-19}$$

图 2-5 给出的是不同 θ 值时，代表性样本的名义外力-变形曲线。可以看出，非均匀程度不同时，各样本的强度值和演化曲线均明显不同。非均匀性越强，整体名义强度的分散性和曲线演化过程差异越大。而实际中，每个样本的真实非均

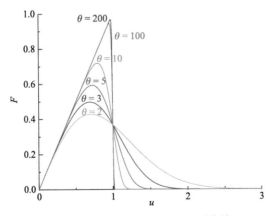

图 2-5　不同 θ 值名义外力-变形曲线

匀特征事先很难确切了解，从而也就导致了其强度和演化过程的不确定性。而图中仅仅是考虑一个最简单的强度阈值非均匀性，在非常理想的整体平均场近似条件下的结果。实际样本结构更加复杂，涉及无序性的空间分布问题，使得样本通向灾变破坏过程变得更为复杂和难预测。

将式(2-18)代入式(2-19)，可以得到样本的力-变形方程：

$$F = (1-D)u \tag{2-20}$$

图 2-6(a)和(b)分别给出了控制外载荷 F 或边界位移 U 单调增加时，具有不同 θ 值的两个样本通向灾变破坏转变点的变形响应 u-驱动力 F 曲线和变形响应 u-驱动位移 U 曲线演化过程。可以看出，θ 值越大，也就是强度阈值越均匀的样本，如图 2-6(a)中 θ 值为 30 时和图 2-6(b)中 θ 值为 20 时，通向破灾变的变形响应过程的变化越小。而 θ 值为 3 的非均匀性更强的样本，表现出更明显的趋向灾变破坏的非线性趋势。

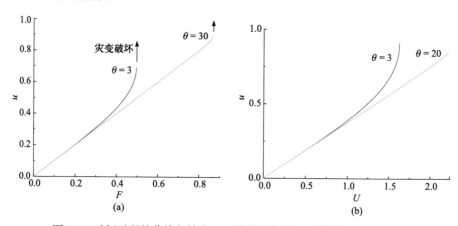

图 2-6　破坏过程的非均匀效应。(a)控制力加载；(b)控制边界位移加载

荣峰等[15,16]基于非均匀多层次多级二维有限元模拟计算，表明非均匀性导致了脆性材料破坏过程远复杂于平均场意义下的效应，材料结构的非均匀性导致了复杂应力重分布过程。图 2-7 给出的是他们的计算中，平均场意义下损伤单元数与非平均场计算时损伤演化各过程损伤单元的统计对比结果。可以看出，整体平均场计算中(图 2-7(a))，单元损伤按照其强度阈值大小先后破坏。而在非平均场近似的有限元计算中(图 2-7(b))，由于应力重分布过程导致一些高强度单元分担了更大的应力，从而使得其先于强度低的单元发生损伤。这种非均匀效应导致的复杂的应力重分布过程和特征加重了灾变破坏过程的复杂性。应力重分布与非均匀性之间耦合的相互作用，使得完全掌握样本内部的所有微细观过程的细节变得几乎不可能。

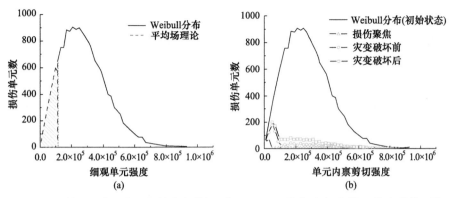

图 2-7　细观单元固有强度的初始分布特征(采用 Weibull 分布)与损伤单元数(各曲线下的面积)[15,16]。(a)平均场意义下的损伤单元数(直线与 Weibull 分布之间所夹的阴影面积，直线所在的位置等于平均场近似下的真应力)；(b)损伤演化各过程损伤单元数。一些高强度单元因为应力重分布导致其应力增加，而先于强度低的单元发生了损伤

2.2.2　均匀变形和损伤的失稳转变与发展

通过引入相关模型和参数来描述固体的非均匀程度[33]，比如通过引入幂律分布或指数分布来描述材料的细观非均匀性[29]，分析其非均匀参数与宏观响应之间的关联等。这些模型对于理解固体非均匀程度与宏观破坏、应力-应变曲线、强度等宏观响应之间的关联性，具有非常重要的意义。但是，正如上文所指出的，基于整体平均场近似的参数，描述不了固体通向灾变破坏的复杂过程[34-36]，尤其是临近灾变破坏时，平均场近似会产生非常大的偏差。当样本发生局部化转变之后，这种偏差会更大。局部化转变之后，固体的损伤和变形主要集中在局部化区[34-37]。此时，固体的非均匀性特征明显区别于前期损伤随机分布的特征，其宏观响应也就可能与基于早期的非均匀参数推算的结果有较大偏离。

非均匀脆性介质微损伤发展的观察表明[37-41]，微裂纹会由初始的空间随机分布逐渐转向局部性集中，形成局部化。白以龙、夏蒙棼等[1,22,42-44]在理论和试验研究的基础上，发现灾变破坏是一种损伤演化诱致灾变的过程。他们把力学与统计物理学及非线性科学结合起来，建立了统计细观损伤力学和损伤演化诱致灾变理论[1,22,42-46]，并通过跨尺度分析将材料的微结构效应与其宏观力学行为，特别是破坏联系起来，发现初始随机的微损伤的发展会形成宏观上的局部化区[24,34,35,47,48]。实际上，无序非均匀脆性介质在受载过程中，出现变形和损伤局部化并最终导致灾变性破坏是一种普遍性的现象。损伤演化局部化是造成灾变破坏表现出不确定性的一个重要原因[24,34,35,48]。

在整体平均场近似下，灾变破坏可由整体平均量表征，在这种意义下，可确

定性地描述何时发生宏观灾变破坏[35,36]。对整体平均场的显著偏离可能是灾变破坏表现出不确定性的一个主要起因，这种对整体平均场的偏离典型地表现为局部化的出现。在很多情况下，灾变破坏是由变形和损伤局部化的发展所触发的[35,36,48]，而灾变破坏点与变形和损伤局部化的一些特征量有关，如局部化区的特征尺度、局部化的程度等[35,36,48]。当发生变形和损伤局部化时，整体平均场近似不再适用，并且局部化的发展并不完全由整体平均量确定[35,36,48-50]，这就导致了灾变破坏的不确定性。

对于具有宏观统计均匀性的介质，在外载作用下，在初始阶段系统内的应力和变形大体是均匀的。在这种情况下，系统内出现的细观损伤是随机均匀分布的，相应地，在宏观上表现为均匀损伤。在加载过程中，损伤演化可能会达到一个转变点，即均匀损伤失稳，对均匀损伤的微小偏离可能会被不断放大，导致不同尺度上的损伤场涨落和损伤局部化。所以，对于非均匀介质损伤由初始均匀的随机损伤演化为发生失稳现象的认识和了解，是理解局部化触发灾变破坏的一个基本问题。

为了认识和理解材料损伤和变形局部化现象，研究者们做出了很多的努力，并取得了较大的进展。线性稳定性分析[51,52]导出的均匀场线性失稳条件，可能对应于均匀场向局部化转变的条件。该类分析方法的优点是可基于平均场模型导出失稳条件，其回答的是在平均场基础上发生一个微小偏离，是否会随着演化进程进一步发展长大的问题。

均匀损伤失稳条件可由线性分析(微扰法)得到，而损伤局部化的形成和发展则是一个非线性演化过程。分析均匀场在微小扰动下的线性失稳问题，是损伤演化发生局部化转变的前提。进一步地，基于分区平均场近似和弹脆性模型[1,4,34,35]，研究失稳发生后，进一步的加载是否会导致非均匀性的进一步增强，也就是探讨这种失稳发生后的进一步发展问题，这是局部化演化诱发灾变破坏的一个先决条件。

1. 均匀变形和损伤的线性失稳

假设准静态均匀变形时的应力、应变和损伤分数为 σ_H，ε_H，D_H。脚标 H 表示均匀变形状态，它们之间应服从相应的本构关系[53]

$$\sigma_H = \sigma_H(\varepsilon_H, D(\varepsilon_H)) = \sigma_H(\varepsilon_H) \tag{2-21}$$

考虑在上述准静态的均匀场上发生一个微小扰动，考察随着损伤和变形的演化发展，该扰动的发展是否呈指数型失稳增长，即假设损伤分数 D、应力 σ、应变 ε 和质点速度 v 为

$$\left.\begin{array}{ll} D = D_H + D'; & D' \ll D_H \\ \sigma = \sigma_H + \sigma'; & \sigma' \ll \sigma_H \\ \varepsilon = \varepsilon_H + \varepsilon'; & \varepsilon' \ll \varepsilon_H \\ v = v_H + v'; & v' \ll v_H \end{array}\right\} \tag{2-22}$$

式中，D'，σ'，ε'，v' 为各量的微小扰动量，其远远小于各自相应的均匀场对应的量值 σ_H，ε_H，D_H 和 v_H，并可表示为

$$\left.\begin{array}{l} D' = D_\mu \cdot e^{\alpha T + iky} \\ \sigma' = \sigma_\mu \cdot e^{\alpha T + iky} \\ \varepsilon' = \varepsilon_\mu \cdot e^{\alpha T + iky} \\ v' = v_\mu \cdot e^{\alpha T + iky} \end{array}\right\} \tag{2-23}$$

式中，T 为时间，k 为波数，下标 μ 表示该量为小量。于是，均匀场的线性稳定问题转化为上面各微小扰动量发生随时间长大的线性失稳条件。很容易看出，上式中系数 α 可能为正实数或实部为正的复数的条件就是微小扰动发生失稳的条件。

在一维情况的准静态应变控制加载下，对于弹脆性损伤统计模型[15,20]，有 $D = D(\varepsilon)$。整体平均场近似下，其本构方程可以写为如下形式[15,21]

$$\sigma = E_0\big(1 - D(\varepsilon)\big)\varepsilon = \sigma(\varepsilon) \tag{2-24}$$

式中，E_0 为材料的弹性模量。系统中，随时间演化的非均匀损伤场和非均匀变形场应该遵守如下的力学方程组[54]

$$\left.\begin{array}{l} \dfrac{\partial D}{\partial T} = f\big(\sigma(\varepsilon), D(\varepsilon); \dot{\varepsilon}_0\big) = f\big(\varepsilon; \dot{\varepsilon}_0\big) \\[2mm] \dfrac{\partial \varepsilon}{\partial T} - \dfrac{\partial v}{\partial y} = 0 \\[2mm] \dfrac{\partial v}{\partial T} - V_0 \dfrac{\partial \sigma}{\partial y} = 0 \end{array}\right\} \tag{2-25}$$

上面方程组中的第一个方程是损伤场演化控制方程，函数 f 是损伤动力学函数，表示损伤随时间的演化率，方程中略去了流动项；第二个方程为连续方程；第三个为动量方程或平衡方程。其中 $\dot{\varepsilon}_0$ 为加载控制量，譬如常见的恒应变率控制加载，其均匀场下的应变即为其平均应变，从而有 $\varepsilon_H = \langle \varepsilon(T) \rangle = \dot{\varepsilon}_0 T$，$\langle \varepsilon(T) \rangle$ 为系统在 T 时刻的平均应变。对于准静态单调加载，整个加载过程中 $\dot{\varepsilon}_0$ 是一个很小的不变量。V_0 为初始体积。方程组(2-25)再加上一个本构方程(2-21)，就构成了一个闭合的控制方程组。在均匀性的近似条件下，其均匀量 σ_H，ε_H，D_H 和 v_H 满足如下方程组

$$\left.\begin{aligned}
\frac{\partial D_{\mathrm{H}}}{\partial T} &= f\left(\varepsilon_{\mathrm{H}};\dot{\varepsilon}_0\right) \\
\frac{\partial \varepsilon_{\mathrm{H}}}{\partial T} - \frac{\partial v_{\mathrm{H}}}{\partial y} &= 0 \\
\frac{\partial v_{\mathrm{H}}}{\partial T} &= 0 \\
\frac{\partial \sigma_{\mathrm{H}}}{\partial y} &= 0
\end{aligned}\right\}$$
(2-26)

下面基于线性失稳分析，来讨论以上的一维情况下的损伤和变形演化控制方程组的准静态均匀变形态的失稳条件。

将式(2-22)代入方程组(2-25)的第一个式子，将损伤演化函数 f 在平均场附近展开并忽略其高阶项，则有

$$\frac{\partial D_{\mathrm{H}}}{\partial T} + \frac{\partial D'}{\partial T} = f \approx f\left(\varepsilon_{\mathrm{H}};\dot{\varepsilon}_0\right) + f'_{\varepsilon}\left(\varepsilon_{\mathrm{H}};\dot{\varepsilon}_0\right)\varepsilon'$$
(2-27)

结合式(2-23)和(2-26)，并整理后，上式变为

$$\alpha D_{\mu} - f'_{\varepsilon}\varepsilon_{\mu} = 0$$
(2-28)

经过同样整理后，方程组(2-25)的第二、三式分别可以写为

$$\alpha \varepsilon_{\mu} - k i v_{\mu} = 0$$
(2-29)

和

$$\alpha v_{\mu} - V_0 k i \sigma_{\mu} = 0$$
(2-30)

将本构方程(2-21)写成增量形式，并将式(2-22)和(2-23)代入后整理可得

$$\sigma_{\mu} - \frac{\mathrm{d}\sigma}{\mathrm{d}\varepsilon}\varepsilon_{\mu} = 0$$
(2-31)

很容易看出，由式(2-28)～(2-31)组成的以 D_{μ}、v_{μ}、ε_{μ} 和 σ_{μ} 为未知数的齐次方程组，有实根的条件为其系数行列式等于 0。根据此条件整理后可以得到如下的关于特征值 α 的控制方程：

$$\alpha\left(\alpha^2 + k^2 V_0 \frac{\mathrm{d}\sigma}{\mathrm{d}\varepsilon}\right) = 0$$
(2-32)

从上面的分析可以看出，该系统损伤演化线性失稳的条件就是方程(2-32)中的变量 α 有正的实根或实部为正的复数根。由于初始体积 V_0 恒大于 0，所以系统发生微扰失稳的条件即为

$$\frac{\mathrm{d}\sigma}{\mathrm{d}\varepsilon} < 0 \tag{2-33}$$

也就是说在最大应力点之后，该系统的均匀变形和损伤场将可能会发生失稳。

可以看出，岩石类非均匀脆性材料在微小扰动下具有由均匀场演化到失稳的特征。以往的研究者们对非均匀脆性介质的局部化转变点的讨论很多，Wawersik 等[9,55]报道岩石的局部化可能发生在最大应力点之后。Rudnicki 和 Rice[51]通过微扰分析，基于弹塑性本构对岩石的局部化条件进行了研究。在他们的结果中，当局部化区在剪切面上法向受压时，失稳点发生在最大应力点之后；对于纯剪和拉伸时，其失稳点可能在最大应力点之后，也可能在最大应力点之前。线性的稳定性分析回答的是均匀场的演化失稳问题，但是这种失稳是否会进一步发展是理解和认识局部化演化触发灾变破坏的一个基本问题。所以，下面将基于一个简化模型来讨论如果最大应力点后发生了局部化，其是否会进一步发展的问题。

2. 非均匀变形和损伤场的成核和发展

局部化发生后，一般局部化区的变形和损伤继续发展，而其他的区域发生弹性卸载[34,35,51]。为理解该现象，将样本分为图 2-8 所示的由两部分组成的串联系统。很容易看出，当系统是均匀变形和损伤时，即两部分的变形和损伤及其增量均相同时，图 2-8 中的力平衡和变形协调条件很容易满足。于是，问题转化为了考察图 2-8 所示系统中是否存在满足一部分加载而另一部分发生卸载这种情形的平衡和变形协调条件。

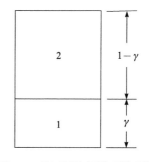

图 2-8　分区平均场模型描述[53]

对于线弹性脆性材料(应力-应变关系如图 2-9 所示)，变形增加即加载时，损伤单调增加。所以，当应变增量 $\delta\varepsilon > 0$ 时，损伤会继续发展，从而损伤分数 D 的增量 $\delta D = \dfrac{\mathrm{d}D}{\mathrm{d}\varepsilon}\delta\varepsilon = h(\varepsilon)\delta\varepsilon$。于是，将本构方程(2-24)写成增量形式并略去高阶项，整理后则有

$$\delta\sigma = E_0\left[1 - D(\varepsilon) - \delta D\right]\delta\varepsilon - \varepsilon\delta D = E_0\left[1 - D(\varepsilon) - \varepsilon\frac{\mathrm{d}D}{\mathrm{d}\varepsilon}\right]\delta\varepsilon \tag{2-34}$$

另一方面，如果其变形减小，其损伤不再增加，而发生如图 2-9 所示的弹性卸载。需要声明的是，在这里不考虑损伤的愈合。也就是说应变增量 $\delta\varepsilon < 0$ 时，为弹性卸载，损伤增量 $\delta D = 0$ 时，有

$$\delta\sigma = E_0\left[1 - D(\varepsilon)\right]\delta\varepsilon \tag{2-35}$$

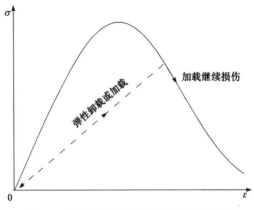

图 2-9　线弹性脆性损伤本构模型曲线[53]

为简化对非均匀变形和损伤场的分析，假定系统由各自均匀变形的两部分串联组成(图 2-8)。采用分区平均场近似，整体体系分为由图 2-8 中的 1 和 2 两部分组成的串联系统。在均匀变形过程中，两部分具有相同的应变值 ε。假设在某个时刻，1、2 两部分分别产生一个变形增量 $\delta\varepsilon_1$ 和 $\delta\varepsilon_2$。为考察非均匀损伤和变形的发展问题，这里先不假设 $\delta\varepsilon_1$ 和 $\delta\varepsilon_2$ 相等。很容易理解，如果是均匀变形，则 $\delta\varepsilon_1$ 和 $\delta\varepsilon_2$ 是相同的。

不失一般性地，假设第 1 部分占整体尺度比例为 γ，显然 $\gamma < 1$。产生应变增量 $\delta\varepsilon_1$ 后，其应变为 $\varepsilon_1 = \varepsilon + \delta\varepsilon_1$。为避免符号混乱，这里设 $\delta\varepsilon_1 > 0$。于是，可以计算出该部分的损伤为

$$D_1 = D(\varepsilon + \delta\varepsilon_1) = D(\varepsilon) + \left(\frac{\mathrm{d}D}{\mathrm{d}\varepsilon}\right)_1 \delta\varepsilon_1, \quad \delta D_1 = \left(\frac{\mathrm{d}D}{\mathrm{d}\varepsilon}\right)_1 \delta\varepsilon_1 \tag{2-36}$$

应力为

$$\sigma_1 = \sigma(\varepsilon + \delta\varepsilon_1) = \sigma(\varepsilon) + \left(\frac{\mathrm{d}\sigma}{\mathrm{d}\varepsilon}\right)_1 \delta\varepsilon_1, \quad \delta\sigma_1 = \left(\frac{\mathrm{d}\sigma}{\mathrm{d}\varepsilon}\right)_1 \delta\varepsilon_1 \tag{2-37}$$

σ_1、ε_1 和 D_1 分别为尺度比例为 γ 部分的名义应力、名义应变和损伤分数。

同时，另一部分所占比例为 $1 - \gamma$，其应变为 $\varepsilon_2 = \varepsilon + \delta\varepsilon_2$，损伤为

$$D_2 = D(\varepsilon + \delta\varepsilon_2) = D(\varepsilon) + \left(\frac{\mathrm{d}D}{\mathrm{d}\varepsilon}\right)_2 \delta\varepsilon_2, \quad \delta D_2 = \left(\frac{\mathrm{d}D}{\mathrm{d}\varepsilon}\right)_2 \delta\varepsilon_2 \tag{2-38}$$

应力为

$$\sigma_2 = \sigma(\varepsilon + \delta\varepsilon_2) = \sigma(\varepsilon) + \left(\frac{\mathrm{d}\sigma}{\mathrm{d}\varepsilon}\right)_2 \delta\varepsilon_2, \quad \delta\sigma_2 = \left(\frac{\mathrm{d}\sigma}{\mathrm{d}\varepsilon}\right)_2 \delta\varepsilon_2 \tag{2-39}$$

σ_2、ε_2 和 D_2 分别为比例为 $1 - \gamma$ 部分的名义应力、名义应变和损伤分数。

根据系统的变形几何关系，系统的总应变为

$$\varepsilon = \gamma\varepsilon_1 + (1-\gamma)\varepsilon_2, \quad \delta\varepsilon = \gamma\delta\varepsilon_1 + (1-\gamma)\delta\varepsilon_2 \tag{2-40}$$

很容易看出，如果是均匀的应变场，则要求 $\delta\varepsilon_1 = \delta\varepsilon_2$。而非均匀应变场，则对应于 $\delta\varepsilon_1 \neq \delta\varepsilon_2$ 情形。在最大应力之后，即当 $\varepsilon > \varepsilon_{\sigma_{\max}}$ 时，有 $\mathrm{d}\sigma < 0$。当系统中占比例为 γ 的第 1 部分变形继续增加时，该部分在最大应力点之后的应力增量应满足：

$$\delta\sigma_1 = \left(\frac{\mathrm{d}\sigma}{\mathrm{d}\varepsilon}\right)_1 \delta\varepsilon_1 = E_0\left[1 - D(\varepsilon) - \varepsilon\frac{\mathrm{d}D}{\mathrm{d}\varepsilon}\right]\delta\varepsilon_1 < 0 \tag{2-41}$$

局部化发生以后，应变和损伤将会聚集在局部化区域，而其他区域一般发生弹性卸载[15,18]。本文中假设比例为 $1-\gamma$ 的第 2 部分发生弹性卸载，则有

$$\delta\sigma_2 = E_0\left[1 - D(\varepsilon)\right]\delta\varepsilon_2 < 0 \tag{2-42}$$

根据上面第 1 部分加载，相应的第 2 部分发生弹性卸载的假设，即 $\delta\varepsilon_1 > 0, \delta\varepsilon_2 < 0$，很容易看出，由于 $D(\varepsilon) < 1$，所以只要 $\left(\dfrac{\mathrm{d}\sigma}{\mathrm{d}\varepsilon}\right)_1 = E_0\left[1 - D(\varepsilon) - \varepsilon\dfrac{\mathrm{d}D}{\mathrm{d}\varepsilon}\right] < 0$，也就是说在最大应力点之后，式(2-41)和(2-42)就能成立。

再来考察应变，对于给定的 γ，整个系统应变的增量应满足 $\delta\varepsilon = \gamma\delta\varepsilon_1 + (1-\gamma)\delta\varepsilon_2$，所以 $\delta\varepsilon_2 = \dfrac{1}{1-\gamma}(\delta\varepsilon - \gamma\delta\varepsilon_1)$。条件 $\delta\varepsilon_1 > 0, \delta\varepsilon_2 < 0$ 要求 $\gamma\delta\varepsilon_1 > \delta\varepsilon$。根据图 2-8 中第 1 和第 2 两部分的力平衡条件，要求两部分的应力和应力增量均应相等，则由式(2-40)~(2-42)整理后，可以将整个系统的应变增量表示为

$$\delta\varepsilon = \left(\frac{1-\gamma}{E_0(1-D(\varepsilon))}\left(\frac{\mathrm{d}\sigma}{\mathrm{d}\varepsilon}\right)_1 + \gamma\right)\delta\varepsilon_1 \tag{2-43}$$

可以看出，在最大应力之后，即 $(\mathrm{d}\sigma/\mathrm{d}\varepsilon)_1 < 0$ 时，只要 $\gamma\delta\varepsilon_1 > \delta\varepsilon$，在控制系统边界位移的单调加载下，即 $\delta\varepsilon > 0$ 时，原来的均匀系统可能出现 γ 的部分变形继续增加，而 $1-\gamma$ 部分发生弹性卸载的非均匀变形现象。也就是说系统会出现均匀的变形和损伤演化失稳现象，这是系统发生应变和损伤局部化的前提。值得注意的是，如果 $\gamma\delta\varepsilon_1 < \delta\varepsilon$，根据方程(2-43)，有 $\delta\varepsilon < 0$，而在控制系统边界位移的单调加载下，又要求 $\delta\varepsilon > 0$，此时就会诱发系统的灾变破坏。

下面要回答进一步加载(即名义应变进一步增大)是否会导致非均匀性进一步增强的问题。这是局部化演化诱发灾变破坏的又一个基本问题。

根据上面分析，系统在最大应力点后发生分叉，即图 2-9 所示的应力-应变

曲线的一部分发生弹性卸载而另一部分继续加载。继续上文的分析，在图 2-8 所示串联系统分叉时，还是假设比例为 γ 的 1 区变形继续增加，另一部分(比例为 $1-\gamma$ 的 2 区)弹性卸载，即 $\delta\varepsilon_1 > 0$，$\delta\varepsilon_2 < 0$。记分叉点的应变为 $\varepsilon_L \geqslant \varepsilon_{\sigma_{\max}}$，系统发生分叉后，在边界位移控制加载下，即控制系统的名义应变 ε 进一步加载到 $\varepsilon' = \varepsilon + \delta\varepsilon$，其中 $\varepsilon' > \varepsilon_L \geqslant \varepsilon_{\sigma_{\max}}$，于是，有 $\varepsilon'_1 = \varepsilon_1 + \delta\varepsilon_1$，$\varepsilon'_2 = \varepsilon_2 + \delta\varepsilon_2$；且 $\delta\varepsilon = \gamma\delta\varepsilon_1 + (1-\gamma)\delta\varepsilon_2$。

很容易看出，系统发生分叉以后，图 2-8 中所占比例为 γ 的 1 区可能有两种状态：一种是保持其加载状态，即其损伤和变形进一步增长，这种情况对应局部化和非均匀性的进一步发展；另一种情况是 1 区由加载转变为弹性卸载，而 2 区由弹性卸载转变为加载，这种情况对应扰动的失稳发展停止或局部化不再发展。

对于第一种情况，根据上文的推导，系统发生分叉以后，倘若 $\delta\varepsilon_1 > 0$，$\delta\varepsilon_2 < 0$，即 1 区进一步加载而 2 区进一步卸载，这种状态是可以存在的。

对于第二种情况，倘若 $\delta\varepsilon_1 < 0, \delta\varepsilon_2 > 0$，即比例为 γ 的 1 区由加载转变为卸载 ($\delta\varepsilon_1 < 0$)，而比例为 $1-\gamma$ 的 2 区由弹性卸载转变为加载 ($\delta\varepsilon_2 > 0$)。此时，由于 2 区是由弹性卸载状态转变为加载状态的，故其加载仍是沿着图 2-9 中的虚线发生弹性加载，于是会导致 $\delta\sigma_2 > 0$。而 1 区成为弹性卸载又要求 $\delta\sigma_1 < 0$，这样就出现了 $\delta\sigma_2 \neq \delta\sigma_1$ 的情况，很明显这就导致了系统不满足力的平衡条件。所以，这个状态不可能出现。

由以上分析可以看出，当 $\varepsilon > \varepsilon_{\sigma_{\max}}$ 时，在一维串联系统中，如果出现分叉(一部分区域进一步加载、另一部分区域卸载)，形成高应变、高损伤的加载区和低应变、低损伤的卸载区，则名义应变进一步增大时，只可能是高应变、高损伤区进一步加载，而低应变、低损伤区进一步卸载。也就是说系统发生分叉以后，进一步加载(即名义应变进一步增大)只会导致非均匀性的进一步增强。

至此，回答的是局部化成核与发展问题，还没有回答变形和损伤局部化是如何诱致灾变破坏，以及局部化区尺度与灾变破坏的关系等问题。下文将继续基于分区平均场近似和驱动非线性阈值模型，对灾变破坏与局部化之间的关系进行详细讨论和分析，从理论模型上分析局部化诱发灾变破坏问题。

2.2.3　局部化诱发灾变破坏

需要指出的是，此处的近似理论模型分析中，假设变形局部化区与损伤局部化区是重合的，统称为局部化区。但在实际中，变形局部化和损伤局部化之间是有区别的，两者之间的区别和关联是十分复杂的问题，还需进一步的观测和研究。

局部化转变之后，样本分为两个变形或损伤完全不同的区域，一个是变形或损伤高度集中的区域，称为局部化区。基于图 2-8 所示的分区平均场近似的两个区域，一个是在局部化转变之后发生弹性卸载的非局部化区，其尺度为 l_2，即图 2-8 中的第 2 部分；另一个是局部化转变之后会继续发生损伤且发展为最后破坏的局部化区，其尺度为 l_1，即图 2-8 中的第 1 部分。整个试样的高度取为 $L = l_1 + l_2$，则局部化区的相对尺度为 $\gamma = \dfrac{l_1}{L}$；非局部化区的相对尺度为 $\dfrac{l_2}{L} = 1 - \dfrac{l_1}{L} = 1 - \gamma$。本节中，下标 1 和 2，分别代表图 2-8 对应于 1、2 部分的物理量。

事实上，在试验中发生变形或损伤局部化转变以后，这两个部分(图 2-9)可能存在两种不同的表现形式：①一种是发生局部化转变以后，试样的变形和损伤完全集中在局部化区，在试样名义应力-应变曲线最大应力点之后，非局部化区表现为卸载。在灾变破坏点，由于局部化区的损伤弱化，非局部化区储存的弹性能足以驱动局部化区损伤和变形的进一步发展，从而导致试样最终的宏观灾变破坏；②另一种表现形式是试样发生局部化转变以后，变形和损伤主要集中在局部化区，在这个过程中非局部化区变形和损伤也在继续增加，但是其增长的速度远小于局部化区，在灾变破坏点非局部化区突然发生卸载，驱动局部化区的损伤和变形的进一步发展，试样最后的灾变破坏发生在局部化区。无论是上面的哪种情况，一个共同的特点就是：灾变破坏时非局部化区发生弹性卸载并释放能量，试样的最终灾变破坏发生在局部化区，下面我们将通过理论模型分析局部化区的损伤弱化与试样最终的宏观灾变破坏的关联。

如前所述，在试验中，变形和损伤局部化转变点一般发生在名义应力-应变曲线最大应力前后，所以，我们假设试样的局部化转变发生在最大应力点，即 $\varepsilon_L = \varepsilon_{\sigma_{\max}}$。

根据 Weibull 分布函数对阈值非均匀性描述的特征，引入基于细观单元破坏应变阈值的 Weibull 分布函数形式：

$$h(\varepsilon_c) = m\varepsilon_c^{\theta-1} \exp\left(-\varepsilon_c^{\theta}\right) \tag{2-44}$$

其中，θ 是 Weibull 分布函数的形参数，也叫 Weibull 模数，反映的是单元强度的非均匀程度，θ 越小则非均匀程度越高。ε_c 为细观单元破坏的应变阈值，这里对其进行了如下形式的归一化：$\varepsilon = (\varepsilon_t \cdot E_0) / \eta$，$\varepsilon_t$ 代表真应变，η 反映的是细观单元强度的平均值，E_0 为试样的初始弹性模量。在本章下文，如果没有特别声明，应变均指采用上面归一化后的应变，应力均指无量纲化后的应力 $\sigma = \sigma_t / \eta$（σ_t 代表真应力），所以归一化的线弹性应力-应变关系就是 $\sigma = \varepsilon$。

在加载的早期阶段，试样的损伤和变形表现为空间上的随机弱涨落，试样宏观力学特征可以用整体平均场描述，即局部化区和非局部化区的损伤分数可以看

作相等，于是，在局部化转变点之前，试样的损伤分数为

$$D_1 = D_2 = D = \int_0^\varepsilon h(\varepsilon_c)\mathrm{d}\varepsilon = 1 - \exp\left(-\varepsilon^\theta\right) \tag{2-45}$$

式中，ε 和 D 分别为整个试样的名义应变和损伤分数，D_1、D_2 分别为第 1、2 部分的损伤分数。此时，在平均场意义下，试样的名义应力-应变关系为

$$\sigma_1 = \sigma_2 = \sigma_0 = \left(1 - D(\varepsilon)\right)\varepsilon = \varepsilon\mathrm{e}^{-\varepsilon^\theta} \tag{2-46}$$

式中，σ_0 为整个试样的名义应力，σ_1、σ_2 分别为局部化区和非局部化区的名义应力。

试样发生局部化转变之后，损伤的进一步发展完全集中在局部化区(第 1 部分)，非局部化区(第 2 部分)不再继续损伤。所以，局部化转变点之后，非局部化区(第 2 部分)的损伤分数保持为

$$D_{2,L} = 1 - \exp(-\varepsilon_L^\theta) = 1 - \exp(-\varepsilon_{\sigma_{\max}}^\theta) = 1 - \exp\left(-\frac{1}{\theta}\right) \tag{2-47}$$

其中，$\varepsilon_L = \varepsilon_{\sigma_{\max}} = \left(\dfrac{1}{\theta}\right)^{\frac{1}{\theta}}$ 是局部化转变点的应变，也是最大应力点的应变。另一方面，局部化区(第 1 部分)继续损伤，其损伤分数为

$$D_1 = 1 - \exp(-\varepsilon_1^\theta) \tag{2-48}$$

根据变形几何关系，有

$$\varepsilon(l_1 + l_2) = \varepsilon_1 l_1 + \varepsilon_2 l_2 \tag{2-49}$$

或

$$\varepsilon = \varepsilon_1\gamma + \varepsilon_2(1 - \gamma) \tag{2-50}$$

根据力的平衡，局部化转变之后，可以得到

$$\sigma_0 = \sigma_1 = \left(1 - D_1(\varepsilon_1)\right)\varepsilon_1 = \varepsilon_1\mathrm{e}^{-\varepsilon_1^m} = \sigma_2 = \left(1 - D_{2,L}\right)\varepsilon_2 \tag{2-51}$$

根据式(2-45)～(2-51)，图 2-10 给出了 Weibull 模数 $\theta = 4$ 时，不同局部化区尺度 $\gamma = \dfrac{l_1}{l_1 + l_2}$ 下，该系统的完整名义应力-应变曲线。

根据式(2-51)可以看出，在非均匀性参数 θ 确定以后，系统的完整名义应力-应变曲线就由其损伤局部化区的尺度决定了。对于给定非均匀性参数的条件下，名义应力-应变曲线的特征随局部化区相对尺度的变化如图 2-10 所示(图中取 $\theta = 4$)。

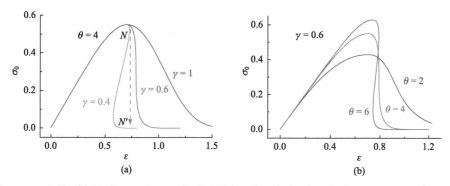

图 2-10　不同损伤局部化区尺度和 m 值时试样完整名义应力-应变曲线[3]。(a)不同损伤局部化
区尺度和 m 值时试样完整名义应力-应变曲线。图中试样的 Weibull 模数 $\theta = 4$ 。γ 为局部化
区相对尺度，ε 为整个系统的名义应变。局部化区的尺度 γ 小于一定值，如当 $\gamma = 0.4$ 时，系
统的名义应力-应变曲线为 II 类曲线。在控制整体应变 ε 的准静态单调加载下，试样在 N 点发
生灾变破坏，表现为从图中名义应力-应变曲线 N 点发生突跳到 N' 点。(b)不同 θ 值时试样完
整名义应力-应变曲线。计算时，局部化区相对尺度取为 $\gamma = 0.6$ 。图中 θ 在分布函数中表示细
观单元阈值的非均匀性，在这里，其同时表征了损伤局部化区的弱化特征。σ_0 为整个系统的
名义应力，ε 为整个系统的名义应变

可以看到，当局部化区的尺度 γ 减小到一定值之后，如当 $\gamma = 0.4$ 时，试样的完
整载荷位移曲线就表现为文献中所报道的 II 类曲线的形式[9,10-12,35,55,56]，即在位
移加载控制条件下也会发生灾变破坏，也就是在名义应力-应变曲线上切线为垂
直线的位置会发生一个突跳，即从 N 点跳到 N' 点，发生灾变破坏。

值得注意的是，Weibull 模数 θ 实际上反映了损伤部分的损伤弱化特征。图 2-11
示出了最大应力点之后，$-\mathrm{d}\sigma_1/\mathrm{d}\varepsilon_1$、$\varepsilon_1$ 和 θ 的关系。图中的应变用相应的最大应
力点的应变进行了归一化。当局部化区的应变大于其应力-应变关系曲线切线斜
率最小值点对应的应变 $\varepsilon_1 = \left(1 + \dfrac{1}{\theta}\right)^{\frac{1}{\theta}}$ 时，将不会有满足灾变性破坏的条件，这一
点本节将在后面进行详细分析。所以在图 2-11 中我们只画出了最大应力点到
$\varepsilon_1 = \left(1 + \dfrac{1}{\theta}\right)^{\frac{1}{\theta}}$ 之间的部分。从图中可以看出，θ 越大，随着变形的增加，
$-\mathrm{d}\sigma_1/\mathrm{d}\varepsilon_1$ 的值增加越快，且 θ 越大，$-\mathrm{d}\sigma_1/\mathrm{d}\varepsilon_1$ 的值越大。这表明 θ 越大，最大
应力点之后局部化区的承载能力下降得越快，即局部化区的损伤弱化越快，所
以，在这里 θ 同时表征了局部化区的损伤弱化特征。下文将会详细讨论局部化区
损伤弱化特征对系统灾变破坏的影响。

为了考察损伤弱化参数 θ 与系统灾变破坏的关系，图 2-10(b)给出的是局部

化区尺度一定时，不同损伤弱化参数下的系统名义应力-应变关系曲线。可以看出，当损伤部分的非均匀性满足一定条件(如当 $\theta = 6$ 时)时，其载荷-位移曲线表现为 II 类曲线的形式。位移控制加载下，它也将发生灾变破坏。事实上，此时损伤部分的非均匀参数与损伤部分的损伤弱化特征相关。值得注意的是，如图 2-10(b) 所示，对于一定的局部化区尺度 γ，相对越均匀的介质，其载荷-位移曲线越趋向于表现为 II 类曲线的形式，即越趋向于灾变破坏。

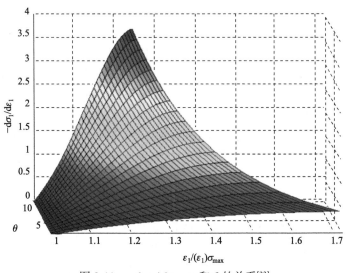

图 2-11　$-\mathrm{d}\sigma_1 / \mathrm{d}\varepsilon_1$、$\varepsilon_1$ 和 θ 的关系[33]

　　对单轴加载下的实际材料来说，其在载荷-位移曲线的最大应力点之前的很长时间内，整体平均场可以适用，因此，我们可以据此估计其损伤局部化区的非均匀性参数的大小。在此基础上，虽然损伤部分的尺度和弱化特征对灾变破坏都有重要的影响，我们可以在已知非均匀性参数 θ 的条件下，研究局部化区尺度 γ 与灾变破坏的关系。

　　在转向 2.2.4 节研究局部化区尺度 γ 与灾变破坏的关系之前，这里将根据加载过程中损伤局部化区的应变 ε_1 与整体应变 ε 之间的关系，从另一个角度考察灾变破坏发生的机理。

　　图 2-12 给出了在图 2-10 中 $\theta = 0.4$，$\gamma = 0.4$ 时损伤区应变和整体应变的关系，图中横坐标 ε 为模型系统的整体应变，纵坐标 ε_1 为损伤局部化区的应变。

　　可以看出，在位移控制下，即控制整体应变 ε 的准静态单调加载下，当加载达到 R 点时，整体应变 ε 的一个无穷小的增加将会导致局部化区应变 ε_1 的一个有限增加，即表现为图中曲线从 R 点发生突跳到 R' 点，这也就是我们所描述的灾变破坏现象。也就是说，控制变量 ε 的一个无穷小的增量将会导致响应量 ε_1 的一个有限增加。广而言之，响应量可以是应力(图 2-10)，也可以是损伤局部化区的变形(图 2-12)或其他的量(如损伤分数、能量等)。

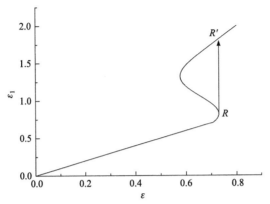

图 2-12　局部化区应变 ε_1 与试样整体名义应变 ε 之间的关系

根据上面的分析，我们可以导出如下的试样发生宏观灾变破坏的临界条件。根据几何关系(2-50)和平衡条件(2-51)，有

$$\varepsilon\left(l_1+l_2\right)=l_1\varepsilon_1+l_2\frac{\varepsilon_1\exp(-\varepsilon_1^{\theta})}{1-D_L} \tag{2-52}$$

上式两边对 ε 求导，整理后得[3,34]

$$\frac{\mathrm{d}\varepsilon_1}{\mathrm{d}\varepsilon}=\frac{l_1+l_2}{l_1+l_2\dfrac{1-D_1-\varepsilon_1h\left(\varepsilon_1\right)}{1-D_L}} \tag{2-53}$$

定义：灾变破坏是响应量相对于控制量的变化率为无穷大。在系统整体位移控制的模式下，即 ε 是控制量时，灾变破坏的判据表示为 $\left.\dfrac{\mathrm{d}\varepsilon_1}{\mathrm{d}\varepsilon}\right|_{\mathrm{F}}=\infty$，在图 2-12 中表现为 ε-ε_1 曲线的切线斜率为无穷大。于是，根据式(2-53)有灾变破坏的条件为

$$l_1+l_2\frac{1-D_{1,\mathrm{F}}-\varepsilon_{1,\mathrm{F}}h\left(\varepsilon_{1,\mathrm{F}}\right)}{1-D_L}=0 \tag{2-54}$$

式中，下标 F 表示灾变破坏点。将上式重新整理后得到

$$\frac{E_0A\left(1-D_{1,\mathrm{F}}-\varepsilon_{1,\mathrm{F}}h\left(\varepsilon_{1,\mathrm{F}}\right)\right)}{l_1}=-\frac{E_0A\left(1-D_L\right)}{l_2} \tag{2-55}$$

其中，A 为试样的横截面积；$\dfrac{E_0 A\left(1-D_{1,\mathrm{F}}-\varepsilon_{1,\mathrm{F}} h\left(\varepsilon_{1,\mathrm{F}}\right)\right)}{l_1}$ 为损伤部分载荷-位移曲

线切线的斜率，$-\dfrac{E_0 A\left(1-D_L\right)}{l_2}$ 为非局部化区的卸载刚度。所以，在刚性试验机

加载下灾变破坏点的临界条件也可以表述为：局部化区的载荷-位移曲线切线的

斜率等于非局部化的卸载刚度。同理，根据 $\left.\dfrac{\mathrm{d}\sigma_0}{\mathrm{d}\varepsilon}\right|_{\mathrm{F}}=-\infty$ 可以得到相同的结论。

2.2.4　局部区尺度与灾变破坏的关系

1. 刚性试验机加载下试样局部化区尺度与灾变破坏的关系

将 $\gamma=\dfrac{l_1}{l_1+l_2}$ 代入式(2-54)，灾变破坏的临界条件可以写为

$$\gamma+(1-\gamma)\frac{\left(1-\theta\varepsilon_{1,\mathrm{F}}^{\theta}\right)\exp(-\varepsilon_{1,\mathrm{F}}^{\theta})}{1-D_L\left(\varepsilon_L\right)}=0 \tag{2-56}$$

由几何关系(2-50)和力平衡关系(2-51)有

$$\varepsilon_{\mathrm{F}}=\varepsilon_{1,\mathrm{F}}\gamma+\frac{\varepsilon_{1,\mathrm{F}}\exp(-\varepsilon_{1,\mathrm{F}}^{\theta})}{1-D_L\left(\varepsilon_L\right)}(1-\gamma) \tag{2-57}$$

由式(2-46)、(2-56)和式(2-57)，我们可以得出试样在灾变破坏点的应变

$$\varepsilon_{\mathrm{F}}\left(\varepsilon_L,\gamma,\theta\right)=\frac{\left(1-D_1\left(\varepsilon_{1,\mathrm{F}}\left(\varepsilon_L,\gamma,\theta\right),\theta\right)\right)\varepsilon_{1,\mathrm{F}}\left(\varepsilon_L,\gamma,\theta\right)}{1-D_L\left(\varepsilon_L,\theta\right)}(1-\gamma)+\gamma\varepsilon_{1,\mathrm{F}}\left(\varepsilon_L,\gamma,\theta\right) \tag{2-58}$$

由式(2-58)可以清晰地看出，试样在灾变破坏点的应变与局部化转变点的应
变、局部化区尺度和局部化区损伤弱化特征有关。试样发生局部化转变以后，试
样的灾变破坏决定于局部化区尺度和局部化区损伤弱化特征。为了更清楚地说明
这个问题，图 2-13 示出了试样灾变破坏点应变随局部化区尺度 γ 和局部化区损
伤弱化特征参数 θ 的变化特征。可以看出，局部化程度越高，即 γ 越小，灾变破
坏发生得越早，越危险。还可以看出，如果灾变破坏能够发生，则 Weibull 模数
θ 越小，即非均匀性越强，灾变破坏时的应变越小；然而，Weibull 模数 θ 太
小，即非均匀性太强，灾变破坏则不会发生。

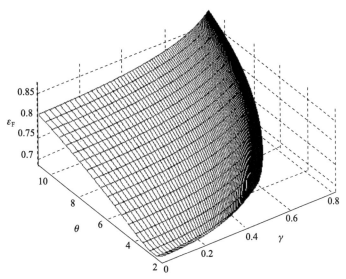

图 2-13　非均匀参数 θ 和局部化区尺度 γ 与灾变破坏点应变之间的关系[3]。该算例中，对应的局部化转变点在最大应力点

由刚性试验机加载下试样灾变破坏的临界条件(式(2-55))可知，在灾变破坏点，试样局部化区载荷-位移曲线切线斜率 $\dfrac{E_0 A\left(1-\theta\varepsilon_1^{\theta}\right)\exp(-\varepsilon_1^{\theta})}{\gamma}$ 等于非局部化区的卸载的负刚度 $-\dfrac{E_0 A\left(1-D_L\left(\varepsilon_L\right)\right)}{1-\gamma}$。当局部化区的应变大于其应力-应变关系曲线切线斜率的最小值点的应变时，灾变破坏条件将不再可能满足。在我们的模型中，局部化区应力-应变关系曲线切线斜率最小值点的应变为 $\varepsilon_1 = \left(1+\dfrac{1}{\theta}\right)^{\frac{1}{\theta}}$。很明显，在边界位移控制刚性试验机加载下，与此点对应的局部化区的尺度为局部化触发灾变破坏的临界局部化区尺度 γ_c。由式(2-56)和 $\varepsilon_L = \varepsilon_{\sigma_{\max}}$ 可得局部化触发灾变破坏的临界局部化区尺度与局部化区损伤弱化特征参数 θ 的函数关系：

$$\gamma_c\left(\theta\right) = \frac{\theta}{\theta + e} \tag{2-59}$$

式中，e 为自然对数的底。

为了更直观地表述此问题，图 2-14 示出了 $\gamma_c\left(\theta\right)$ 与局部化区损伤弱化特点的关系曲线。可以看出，局部化区的损伤弱化越快，即 θ 越大，局部化触发灾变破坏的临界尺度 $\gamma_c\left(\theta\right)$ 越大。

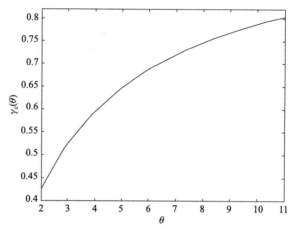

图 2-14　灾变破坏的临界局部化区尺度 $\gamma_c(\theta)$ 随局部化区非均匀参数 θ 变化的特征。

该算例中，对应的局部化转变点在最大应力点[3]

2. 弹性环境影响下局部化区尺度与灾变破坏的关系

如前所述，损伤局部化发生以后，一个试样可以简化近似为两个部分 (图 2-15)：一部分是继续损伤的局部化区，一部分是不再继续损伤而仅有弹性变

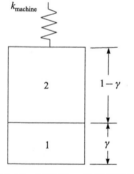

图 2-15　试验机、非局部化区
和局部化区组合模型[34]

形的非局部化区。从而，在实验室里非刚性试验机单轴压缩加载下的试样发生灾变破坏时，由于弹性卸载而释放出弹性能的区域就包括两部分：一部分是试样的非局部区；一部分是进行加载的试验机，后者可以简化为图 2-15 中的刚度为 $k_{machine}$ 的弹簧。在加载的早期阶段，试样可以用整体平均场描述，即局部化区和非局部化区的损伤分数可以看作相等。局部化后，试样进一步的损伤可近似认为只集中在局部化区。当存储在试验机和试样非局部化区的弹性能释放的增量大/等于试样进一步破坏所需的能量增量时，试样就会发生灾变破坏。

下面，我们将基于驱动非线性阈值模型和分区平均场模型，推导灾变破坏点的应变和局部化区尺度之间的关系。试样总高度为 L。基于局部化平均场近似，第 1 和 2 两部分的损伤分数可以分别表示为

$$D_1 = \int_0^{\varepsilon_1} h(\varepsilon_c)\mathrm{d}\varepsilon_c, \quad D_2 = \int_0^{\varepsilon_2} h(\varepsilon_c)\mathrm{d}\varepsilon_c \tag{2-60}$$

式中，$h(\varepsilon_c)$ 与上文定义相同，是表征细观单元阈值分布的 Weibull 分布函数。

于是，第 1 和 2 两部分的损伤分数可以分别写为

$$
\left.\begin{aligned}
D_1 &= \int_0^{\varepsilon_1} h(\varepsilon_c)\,\mathrm{d}\varepsilon_c = 1 - \mathrm{e}^{-\varepsilon_1^{\theta}} \\
D_2 &= \int_0^{\varepsilon_2} h(\varepsilon_c)\,\mathrm{d}\varepsilon_c = 1 - \mathrm{e}^{-\varepsilon_2^{\theta}}
\end{aligned}\right\}
\tag{2-61}
$$

根据几何关系，试样的应变可以表达为

$$
\varepsilon = \varepsilon_1 \gamma + \varepsilon_2 (1 - \gamma)
\tag{2-62}
$$

同样，式中的 $\gamma = \dfrac{l_1}{L} = 1 - \dfrac{l_2}{L}$ 是损伤局部化区的相对尺度，l_1 和 l_2 分别是试样第 1 和第 2 部分的初始高度，且 $L = l_1 + l_2$。与上文类似，在这里不失一般性地假设第 1 部分相应于试样的损伤局部化区。

根据力的平衡，有

$$
\sigma = \sigma_1 = (1 - D_1)\varepsilon_1 = \sigma_2 = (1 - D_2)\varepsilon_2
\tag{2-63}
$$

在加载初期，试样损伤较弱，且应变场基本保持均匀，即 $\varepsilon_1 = \varepsilon_2$。假设在发生局部化转变，即 $\varepsilon = \varepsilon_L$ 点之后，损伤主要集中在第 1 部分，且第 2 部分不再有进一步损伤发生，于是，在局部化之后，第 2 部分的损伤分数保持为常量 $D_2(\varepsilon_L) = \int_0^{\varepsilon_L} h(\varepsilon_c)\,\mathrm{d}\varepsilon_c$（见式(2-60)），并发生卸载，且卸载刚度为 $\dfrac{E_0 A}{L}\dfrac{1 - D_2(\varepsilon_L)}{1 - \gamma}$。最后灾变破坏发生在损伤较高的第 1 部分。

根据上文导出的灾变破坏条件(见式(2-56))相同的推理方法，可以得到本节加载条件下试样发生灾变破坏的临界条件为：损伤局部化区(图 2-15 中的第 1 部分)的载荷-位移曲线的切线斜率 $\dfrac{E_0 A}{L\gamma}\dfrac{\mathrm{d}\big[(1 - D_1)\varepsilon_1\big]}{\mathrm{d}\varepsilon_1}$ 等于试验机和第 2 部分组成的串联部分的组合刚度的负值 $-1\Big/\left(1\Big/\dfrac{E_0 A(1 - D_2(\varepsilon_L))}{L(1 - \gamma)} + 1/k_{\mathrm{machine}}\right)$，即

$$
\frac{E_0 A}{L\gamma}\frac{\mathrm{d}\big[(1 - D_1)\varepsilon_1\big]}{\mathrm{d}\varepsilon_1} = -\frac{1}{\dfrac{1}{\dfrac{E_0 A(1 - D_2(\varepsilon_L))}{L(1 - \gamma)}} + 1/k_{\mathrm{machine}}}
\tag{2-64}
$$

局部化转变之后，第 1 和第 2 部分的损伤分数 $D_1(\varepsilon_1)$ 和 $D_2(\varepsilon_L)$ 由式(2-61)决定。根据式(2-61)和(2-64)，由 k_{machine}，ε_L 和 γ 可以给出第 1 部分的灾变破坏点的应变 $\varepsilon_{\mathrm{F},1}$ 的函数形式：$\varepsilon_{1,\mathrm{F}} = \varepsilon_{1,\mathrm{F}}(k_{\mathrm{machine}}, \varepsilon_L, \gamma, \theta)$。结合式(2-62)和(2-63)，相应的试样在灾变破坏点的名义应变为[34]

$$\varepsilon_{\mathrm{F}}\left(k_{\mathrm{machine}}, \varepsilon_L, \gamma, \theta\right) = \frac{\left(1 - D_1\left(\varepsilon_{1,\mathrm{F}}\left(k_{\mathrm{machine}}, \varepsilon_L, \gamma, \theta\right), \theta\right)\right)\varepsilon_{1,\mathrm{F}}\left(k_{\mathrm{machine}}, \varepsilon_L, \gamma, \theta\right)}{1 - D_2\left(\varepsilon_L\right)}(1 - \gamma)$$
$$+ \gamma\varepsilon_{1,\mathrm{F}}\left(k_{\mathrm{machine}}, \varepsilon_L, \gamma, \theta\right) \tag{2-65}$$

很明显，试样在灾变破坏点的名义应变 ε_{F} 与局部化区的尺度 γ、局部化区的损伤弱化特征参数 θ 和局部化转变点应变有关。试样局部化转变和局部化区演化特征的不确定是灾变破坏的不确定性的重要原因。当试样发生局部化转变之后，如果 θ 已知，联合式(2-60)、(2-64)和式(2-65)，我们可以根据局部化区的尺度 γ 计算出试样在灾变破坏点的应变值 ε_{F}。

根据以上分析，我们得到了非刚性试验机加载下，试样灾变破坏点的应变与局部化区尺度 γ 之间的关系式。下面，我们将通过一个算例来对此进行更具体的描述。

取 Weibull 分布参数 $\theta = 3$，并假设局部化转变点发生在最大应力点，即 $\varepsilon_L = \varepsilon_{\sigma_{\max}}$。则在峰值载荷点之后，第 2 部分发生弹性卸载，第 1 部分继续损伤。取无量纲化试验机的刚度为 $k_{\mathrm{machine}} / (E_0 A / L) = 1.433$。于是就可以由以上的联立方程组求解，得到局部化区的尺度与灾变破坏点应变之间的关系，如图 2-16(γ 和 $\varepsilon_{\mathrm{F},1}$ 之间的关系)和图 2-17(ε_{F} 和 γ 之间的关系)所示。可以看出，随着局部化区尺度的变小，灾变破坏点的名义应变 $\varepsilon_{\mathrm{F},1}$ 逐渐减小。也就是说，局部化程度越深，即局部化区尺度越小，灾变破坏越容易发生。

值得注意的是，由于损伤场和应力场对平均场的偏离，初始基本均匀的样本发生灾变破坏前通常会发生局部化转变。但是，由于样本微损伤和介质的细观无序性，所以实际的局部化转变与局部化区的尺度和介质的细观细节紧密相关。对局部化区的充分发展过程和演化特征的认识，对于灾变破坏的预测十分重要。

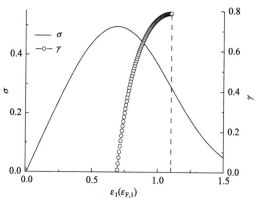

图 2-16　损伤部分名义应力-应变关系和局部化区尺度与灾变破坏的关系。图中实线表示局部化区(第 1 部分)名义应力-应变曲线。空心圆圈表示在相应的应变点 ε_1 处发生灾变破坏时，局部化区的尺度 γ 值。在虚线的右边，不再满足灾变破坏条件

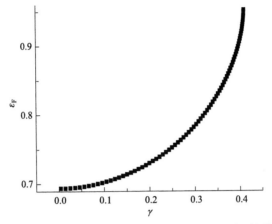

图 2-17　试样灾变破坏点应变 ε_F 与局部化区尺度 γ 的关系

2.3　多尺度灾变破坏

2.3.1　多尺度灾变破坏模型

实际地壳中、岩石样本及工程中的结构和构件受载过程会诱发不同尺度和不同层次上的损伤事件。为考察不同尺度上损伤发展及其驱动特征，建立了如图 2-18 所示的多层次多尺度驱动响应损伤模型[12]。整个系统由外界加载方式、外界弹性场和宏观损伤体串联组成。外界弹性场刚度为 k_e，f_0 和 U 分别为边界加载的名义载荷(力)和位移。整个宏观损伤体由众多细观单元并联组成。每个细观单元是一个弹簧-局部损伤体子系统，由一个弹簧及与其串联的局部损伤体组成。所有的弹簧-局部损伤体并联在一起形成一个整体宏观损伤体。

模型中宏观损伤体相当于地壳中的岩体、断层，或实验室测试时的岩石或混凝土等试样，或实际工程中的一个构件或结构体。各子系统中的弹簧用于模拟实际局部损伤的局部弹性场，如局部损伤的围岩。如果整个宏观损伤体是一个宏观断层区，那么各局部损伤体相当于子断层，而与各子断层相联系的弹簧相当于子断层附近关联的弹性场。如果是一个构件或试样，那么各损伤子系统相当于受载过程中发生损伤的部分，而与其连接的弹簧相当于该损伤个体或团族附近的弹性体(场)。最上层的与加载直接连接的弹簧对应于整个宏观损伤体外部的弹性场，如断层区外的围岩、矿柱外的岩体等。

因此，整个系统构成了不同尺度上的弹性场、不同尺度上的损伤体。每个细观单元中的弹性场刚度都不一样，即是随机非均匀的。每个细观单元中的局部损伤体也各不相同。因此，宏观损伤体包含着随机的、非均匀的内部弹性场和随机的、非均匀局部损伤体。这是一个层次和尺度上的随机非均匀性，下一个层次和

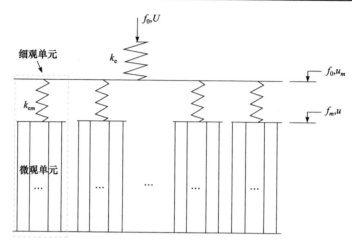

图 2-18　多层次多尺度驱动响应损伤模型[12]。整个多尺度系统包含一个刚度为 k_e 的主弹簧和一个宏观损伤体。宏观损伤体由众多弹簧–局部损伤体子系统并联组成。每个子系统由串联在一起的刚度为 k_{em} 的弹簧和一个局部损伤体组成

尺度的随机非均匀性在于每个局部损伤体内微观单元都是随机非均匀的。所以，系统中有三种类型的随机非均匀特征：一是每个细观单元内部弹性场的非均匀性，二是各细观单元中局部损伤体之间的随机非均匀性，三是最低层次和尺度随机非均匀性，即各细观单元内部微观单元的随机非均匀特性。整个系统共跨越了三个尺度，最大的尺度是整体宏观损伤体，往下的一个尺度是细观单元尺度，最底层的尺度是各细观单元内部微观单元尺度。

2.3.2　多尺度灾变破坏过程的数值计算

每个微观单元发生破坏前，满足线弹性本构关系，断裂后就彻底退出工作。用微观单元刚度进行归一化后，每个微观单元发生断裂之前的本构关系可以表示为

$$f = u \tag{2-66}$$

相应地，每个细观单元承担的名义载荷 f_m 为[12]

$$f_m = f(N_m - N_{bm}) / N_m \tag{2-67}$$

其中，N_m 为初始完好状态时各细观单元个体包含的微观单元总数，N_{bm} 代表细观单元内部已断裂退出工作的微观单元数量。

于是，可以得出整个宏观系统承担的外部名义载荷[12]：

$$f_0 = \sum_{m=1}^{M} f_m / M \tag{2-68}$$

式中，M 是整个系统中包含的所有细观单元数量。整个系统中，发生断裂退出工作的微观单元总数：

$$N_{\mathrm{b}} = \sum_{m=1}^{M} N_{\mathrm{b}m} \tag{2-69}$$

每个细观单元中，微观单元强度阈值服从 Weibull 分布

$$P(f_{\mathrm{th}}) = 1 - \exp[-(f_{\mathrm{th}} / \eta)^{\theta}] \tag{2-70}$$

为了描述细观单元之间的随机非均匀特征，对于所有细观单元个体，上式中的参数 η 和 θ 取值不同。其中，宏观系统中各细观单元的 η 取值服从如下的 Weibull 分布

$$P(\eta) = 1 - \exp(-\eta^{\gamma}) \tag{2-71}$$

θ 取值选取为 2.0～6.0 的均匀分布形式[12]。

基于上面模型，可以通过 Monte Carlo 模拟，考察系统的多尺度灾变破坏行为。在模拟计算中，所有刚度都用微观单元刚度进行归一化，各细观单元中子弹簧的刚度值服从 $0.4N_m \sim 1.4N_m$ 的均匀分布，最顶层的主弹簧归一化后的刚度取值为 $1.4N_m$。当然，各弹簧的刚度也可以选用其他值，或者用其他的方式来刻画它们的非均匀特征。

为了能计算出完整失效过程，从而得出多尺度灾变破坏的完整物理图像，在计算中，每次只允许一个微观单元发生破坏。也就是说由上面的本构关系和几何关系，每次都预先计算出触发下一个微观单元断裂所需的最小边界位移增量。因此，在某个细观单元中某一个微观单元发生断裂的过程中，其他所有细观单元均没有微观单元断裂事件而依据线弹性特征发生变形和受力。

当某个细观单元中的一个强度阈值为 f_{im}(用 u_{im} 代表其对应的变形阈值)的微观单元发生断裂时，该细观单元承担的名义载荷即为 $f_{im}(N_m - N_{\mathrm{b}m})$。相应地，该细观单元的变形为[12]

$$u_m = f_{im}(N_m - N_{\mathrm{b}m}) / k_{em} + u_{im} \tag{2-72}$$

根据几何关系，可以计算出其他细观单元的变形，并据此计算出各细观单元承受的载荷。再在此基础上，计算边界总的名义载荷 f_0 和边界加载位移 U。这是一个精确的求解过程。当然，也可以通过联立方程组，或通过非线性搜索计算，得到相近的结果。

当一些细观单元过了最大应力点后，其所承担载荷降低，这将会导致整体承担的名义载荷下降，从而导致最顶层主弹簧的卸载并释放其变形能。因此，某个微观单元的断裂就有可能带来一个边界位移增量的负增长。于是，我们就让下一个达到其强度阈值需要最小边界位移增量的单元破坏，重复这个过程直到所需的总的边界位移增量 ΔU 为正。这样的一个微观单元自持破坏过程构成了一个中间的小的灾变破坏。按照这个程序，整个计算过程不断往下进行，直到整个系统中

所有单元都发生断裂。

这里给出的算例中[12]，宏观系统包含的细观单元总数 $M=200$ ，每个细观单元包含的微观单元数量 $N_m=100$ 。

2.3.3　多尺度灾变破坏过程与特征

图 2-19 给出的是上述计算过程得到的各响应量相对于边界位移控制量 U 的演化特征[12]。这里的响应量包括细观单元的变形 u_m ，发生断裂的微观单元数 N_b ，发生破坏事件数 N_e 等。其中，破坏事件指的是加载过程中发生破坏的一个

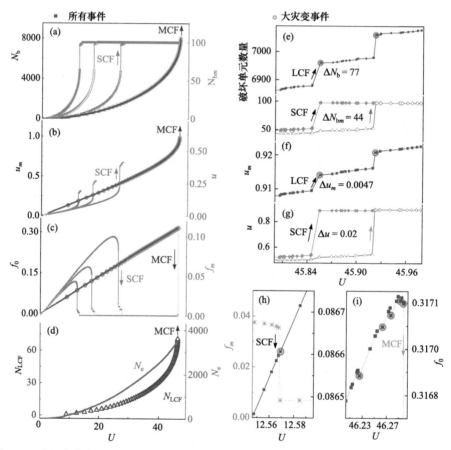

图 2-19　多尺度灾变破坏过程响应量相对于边界位移控制量 U 的演化特征[12]。(a)发生断裂的微观单元数量变化；(b)$u_m(u)$-U；(c)边界名义载荷 f_0 和细观单元承担载荷 f_m 演化过程；(d)发生破坏事件数 N_e 和大灾变破坏事件数 N_{LCF} 演化曲线；(e)(f)(g)(h)(i)局部放大显示大灾变破坏事件及其与小灾变破坏事件的联系和区别。图中，灰色实体棱形散点和空心三角形分别是发生了小灾变的两个细观单元中 N_{bm} 和 u 的过程曲线，作为典型事例说明其演化特征

加载步，该次破坏过程中可能只有一个微观单元断裂，也可能有多个微观单元同时发生断裂，均称为一次事件。

在控制边界位移 U 单调增加的加载过程中，出现了四种不同尺度的破坏事件[12]。一种是最小尺度的单个微观单元的断裂，另外三种是三个不同尺度的灾变破坏事件。最小的灾变破坏事件是发生于细观单元内部的灾变破坏，用 SCF 来表示。比这更大的灾变破坏事件是细观单元发生灾变破坏的同时伴随有其他细观单元内部微观单元的分布式断裂，称为大灾变破坏事件，用 LCF 来表示。另外一种是最大尺度的宏观灾变破坏事件，对应于整个系统发生灾变式破坏，称为宏观灾变破坏事件，用 MCF 来表示。

对应于细观单元内部发生的小灾变，该细观单元中发生断裂的微观单元数 N_{bm}(图 2-19(a))、局部损伤体的变形 u(图 2-19(b))及承担载荷 f_m(图 2-19(c))这些响应量均发生了一个突跳。这种局部的小灾变破坏事件(SCF)完全是由该细观单元内部局部弹性场的能量释放所驱动的。

每一个大的灾变破坏事件包含了小灾变破坏事件和其他细观单元中一些微观单元的分布式随机破坏[12]。该大尺度灾变破坏事件的发生，是由两个层次弹性场能量的释放所驱动的。正如上文所述，小尺度的灾变破坏是由细观单元内部弹簧能量释放驱动的一个局部破坏事件。而伴随该小灾变破坏的同时发生在其他细观单元中的分布式微观单元的破坏，是由最上层次弹性场能量释放所驱动的。因此，一个大的灾变破坏事件中断裂的微观单元数量会多于小灾变破坏事件中断裂的微观单元数(图 2-19(e))。

图 2-19(f)和(g)表明，一个局部小灾变破坏事件会导致该细观单元中局部损伤体变形的一个大的突跳(Δu)，但引起的整个损伤体变形的步长 Δu_m 很小。一个大灾变破坏事件，在整体宏观名义载荷-位移曲线上只是会有一个小的涨落变化[12]。

大灾变破坏事件的串级发展，形成宏观灾变破坏事件[12]。在趋向宏观灾变破坏过程中，大灾变破坏事件数发生频率明显加快(图 2-19(a)(b)(c))，大灾变破坏事件聚集数 N_{LCF} 演化曲线呈现明显加速趋势(图 2-19(d))。

2.3.4　多尺度灾变破坏的机理

由几何关系可知，每个细观单元的变形增量 Δu_m 是其所包含弹簧(Δu_{em})和局部损伤体变形增量(Δu)的和，即有[12]

$$\Delta u_m = \Delta u_{em} + \Delta u \tag{2-73}$$

当该细观单元进入最大应力之后的阶段时，其所包含弹簧将会卸载和发生变形恢复，从而使得变形增量 Δu_m 可能会出现负值。当弹簧恢复的变形增量超过了对应局部损伤体内微观单元断裂所需的变形增量 Δu 时，该细观单元的总体变形 u_m 就会减小。

图 2-20 给出的是基于理论计算得到的细观单元 $u(N_{bm})$-u_m 和 f_m-$u_m(u)$ 曲线[12]。理论计算是基于理想连续模型，即细观单元包含了无穷个微观单元，其中细观单元内部弹簧刚度 $k_{em}=0.3$。可以看出，如果采用控制细观单元总体变形 u_m 单调增加的方式加载，将会在如图 2-20(a)曲线上 C 点诱发一个突跳到 D 点，从而引起一个小灾变破坏事件。对应地，$u(N_{bm})$-u_m 曲线的斜率趋向于发散，即 $(dN_{bm}/du_m)_c \to \infty$ 和 $(du/du_m)_c \to \infty$。同时，对应地，在图 2-20(b)的载荷-变形曲线引起一个突跳，突跳点发生在 f_m-u 曲线斜率等于连接弹簧刚度负值$-k_{em}$。而在 f_m-u_m 曲线上，灾变点斜率 $(df_m/du_m)_c \to -\infty$。灾变破坏的这种驱动响应机理决定了响应函数趋向于灾变破坏过程的加速奇异性前兆特征。

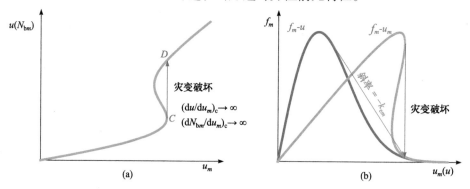

图 2-20　理想连续模型的驱动响应量理论计算结果[12]。(a) $u(N_{bm})$-u_m 曲线；(b) f_m-$u_m(u)$ 曲线

类似地，整个宏观系统的边界位移增量[12]：

$$\Delta U = \Delta u_m + \Delta u_e \tag{2-74}$$

其中，Δu_e 为边界连接的最上层主弹簧变形增量。当诱发一个小灾变破坏事件所需要的变形增量 Δu_m 大于边界主弹簧变形恢复增量时，宏观系统是稳定的，仅有小灾变破坏事件出现。如图 2-19(h)所示，整体载荷-位移(f_0-U)曲线基本是光滑连续的，但是在图 2-19(f)的 u_m-U 曲线上有一个对应该小灾变破坏事件的小波动。此时，大灾变破坏事件仅仅包含了一个小灾变破坏事件，没有发生其他细观单元内微观单元的断裂。

但是，当大灾变破坏事件既发生了小灾变破坏事件，也诱发了它细观单元内微观单元的断裂时，就会伴随如图 2-19(i)所示的 f_0-U 曲线的一个不连续响应，即一个小的突跳(图 2-21)[12]。大灾变破坏事件可能出现在整体载荷峰值点前，也可能出现在整体载荷峰值点后(图 2-21)。

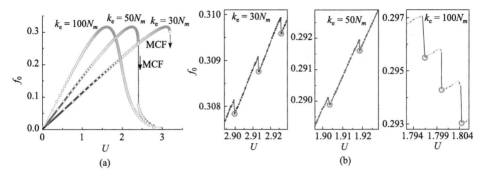

图 2-21　不同主弹簧刚度时驱动响应演化特征[12]。(a)完整曲线；(b)局部放大显示大灾变破坏
事件导致的载荷变形曲线的不连续性特征。桔色的空心圆圈代表在大灾变破坏事件点记录对
应响应应量聚集量

当最顶层主弹簧的能量释放超过诱发单个大灾变破坏事件所需的能量时，就导致多个大灾变破坏事件的串级，从而形成宏观灾变破坏事件。弹簧的刚度决定了其弹性能放率的快慢。图 2-21 给出的是不同主弹簧刚度(k_e)值时，整体载荷-位移(f_0-U)曲线[12]。当 k_e 的值大于整体载荷-位移曲线切线斜率负值时，如图 2-21 中 $k_e = 100\ N_m$ 时的情况，整个系统受载过程只发生大灾变破坏事件或小灾变破坏事件，不会发生最大尺度的宏观灾变破坏事件。否则，将会诱发整个系统的宏观灾变破坏事件。所以，宏观灾变破坏，实际是伴随着整体主弹簧和局部弹性场两个方面的能量释放驱动。在趋近于宏观灾变破坏点时，在大灾变破坏事件的事件数 N_{LCF} 及其对应时刻记录的变形响应 u_{LCF} 的演变率 $\Delta N_{\mathrm{LCF}}/\Delta U$ 和 $\Delta u_{\mathrm{LCF}}/\Delta U$ 均加速趋向于奇异值。

参 考 文 献

[1] Bai Y L, Xia M F, Ke F J. Statistical Meso-Mechanics of Damage and Failure: How Microdamage Induces Disaster[M]. Beijing: Science Press, 2019.

[2] Hao S W, Rong F, Lu M F, et al. Power-law singularity as a possible catastrophe warning observed in rock experiments[J]. Int J Rock Mech Min Sci, 2013, 60: 253-262.

[3] 郝圣旺. 非均匀介质的变形局部化、灾变破坏及临界奇异性[D]. 北京: 中国科学院研究生院, 2007.

[4] Bai Y L, Hao S W. Elastic and statistical brittle (ESB) model, damage localization and catastrophic rupture[C]. //Li A, G Sih, H Nied, et al. Proc Int Conf Health Monitoring of Structure, Material and Environment. Nanjing: Southeast University Press, 2007: 1-5.

[5] Xue J, Hao S W, Wang J, et al. The changeable power-law singularity and its application to prediction of catastrophic rupture in uniaxial compressive tests of geo-media[J]. J Geophys Res Solid Earth, 2018, 123: 2645-2657.

[6] 唐春安. 岩石破裂过程中的灾变[M]. 北京: 煤炭工业出版社, 1993.

[7] Hao S W, Zhang B J, Tian J F, et al. Predicting time-to-failure in rock extrapolated from secondary creep[J]. J Geophys Res Solid Earth, 2014, 119: 1942-1953.

[8] Salamon M D G. Stability, instability and design of pillar workings[J]. Int J Rock Mech Min Sci, 1970, 7(6): 613-631.

[9] Wawersik W R, Fairhurst C. A study of brittle rock fracture in laboratory compression[J]. Int J Rock Mech Min Sci, 1970, 7(5): 561-575.

[10] Jeager J C, Cook N G W, Zimmerman R. Fundamentals of Rock Mechanics[M]. London: Wiley-Blackwell, 2007.

[11] Hao S W, Yang H, Liang X Z. Catastrophic failure and critical scaling laws of fiber bundle material[J]. Materials, 2017, 10: 515.

[12] Wang H, Hao S W, Elsworth D. Non-monotonic precursory signals to multi-scale catastrophic failures[J]. Int J Fract, 2020, 226(2): 233-242.

[13] Leonardo D V. I libri di meccanica nella ricostruzione ordinata di Arturo Uccelli preceduti da un'introduzione critica e da un esame delle fonti[Z]. Milano: Hoepli, 1940.

[14] Lund J R, Byrne J P. Leonardo da vinci's tensile strength tests: Implications for the discovery of engineering mechanics[J]. Civ Eng Environ Syst, 2001, 18(3): 243-250.

[15] 荣峰. 非均匀脆性介质损伤演化的多尺度数值模拟[D]. 北京: 中国科学院力学研究所, 2006.

[16] Rong F, Wang H Y, Xia M F, et al. Catastrophic rupture induced damage coalescence in heterogeneous brittle media[J]. Pure Appl Geophys, 2006, 163: 1847-1855.

[17] 冯西桥, 余寿文. 准脆性材料细观损伤力学[M]. 北京: 高等教育出版社, 2002.

[18] Feng X Q, Yu S W. Damage micromechanics for constitutive relations and failure of microcracked quasi-brittle materials[J]. Int J Damage Mech, 2010, 19(1): 1-17.

[19] Sornette D. Predictability of catastrophic events: Material rupture, earthquakes, turbulence, financial crashes, and human birth[J]. Proc Nat Acad Sci USA, 2002, 99: 2522-2529.

[20] Ciliberto S, Guarino A, Scoretti R. The effect of disorder on the fracture nucleation process[J]. Physica D, 2001, 158: 83-104.

[21] Xia M F, Song Z Q, Xu J B, et al. Sample-specific behavior in failure models of disordered media[J]. Commun Theor Phys, 1996, 25: 49-54.

[22] Bai Y L, Wang H Y, Xia M F, et al. Statistical mesomechanics of solid, liking coupled multiple space and time scales[J]. Appl Mechanics Rev, 2005, 58: 372-388.

[23] Xia M F, Ke F J, Bai J, et al. Threshold diversity and trans-scales sensitivity in a nonlinear evolution model[J]. Phys Lett A, 1997, 236: 60-64.

[24] Xu X H, Ma S P, Xia M F, et al. Synchronous multi-scale observations on rock damage and rupture[J]. Theor Appl Fract Mech, 2005, 44: 146-156.

[25] 郝圣旺, 白以龙, 夏蒙棼, 等. 准脆性固体的灾变破坏及其物理前兆[J]. 中国科学: 物理力学天文学, 2014, 44(12): 1262-1274.

[26] Mogi K. Earthquake prediction research in Japan[J]. J Phys Earth, 1995, 43: 533-561.

[27] Johansen A, Sornette D. Critical ruptures[J]. Eur Phys J B, 2000, 18: 163-181.

[28] Peirce F T. Tensile tests for cotton yarns v, 'the weakest link' theorems on strength of long and

composite specimens[J]. J Textile Inst, 1926, 17: T355-T368.

[29] Pradhan S, Hansen A, Chakrabarti B K. Failure processes in elastic fiber bundles[J]. Rev Mod Phys, 2010, 82: 499-555.

[30] Kun F, Hidalgo R C, Herrmann H J, et al. Scaling laws of creep rupture of fiber bundles[J]. Phys Rev E,2003,67: 061802.

[31] Hao S W, Liu C, Lu C S, et al. A relation to predict the failure of materials and potential application to volcanic eruptions and landslides[J]. Sci Rep, 2016, 6: 27877.

[32] Moreno Y, Gómez J B, Pacheco A F. Fracture and second-order phase transitions[J]. Phys Rev Lett, 2000, 85(14): 2865-2868.

[33] Weibull W. A Statistical Theory of the Strength of Materials[M]. Stockholm: Generalstabens litografiska anstalts fö rlag, 1939.

[34] Hao S W, Wang H Y, Xia M F, et al. Relationship between strain localization and catastrophic rupture[J]. Theor Appl Fract Mech, 2007, 48: 41-49.

[35] Hao S W, Xia M F, Ke F J, et al. Evolution of localized damage zone in heterogeneous media[J]. Int J Damage Mech, 2010, 19(7): 787-804.

[36] Voyiadjis G Z, Deliktas B. Multi-scale analysis of multiple damage mechanisms coupled with inelastic behavior of composite materials[J]. Mech Res Comm, 2000, 27(3): 295-300.

[37] Lockner D A, Byerlee J D, Kuksenko V S, et al. Quasi-static fault growth and shear fracture energy in granite[J]. Nature, 1991, 350(7): 39-42.

[38] Reches Z, Lockner D A. Nucleation and Growth of faults in brittle rocks[J]. J Geophys Res, 1994, 99(B9): 18159-18173.

[39] Rathbun A P, Marone C. Effect of strain localization on frictional behavior of sheared granular materials[J]. J Geophys Res, 2010, 115: B01204.

[40] Jan G M, Van Mier. Some notes on microcracking, softening, localization, and size effects[J]. International Journal of Damage Mechanics, 2009, 18(3): 283-309.

[41] Desrues J, Bésuelle P, Lewis H.Strain localization in geomaterials[J]. Geological Society, London, Special Publications, 2007, 289: 47-73.

[42] Wei Y J, Xia M F, Ke F J, et al. Evolution-induced catastrophe and its predictability[J]. Pure Appl Geophys, 2000, (157): 1945-1957.

[43] 夏蒙棻, 韩闻生, 柯孚久, 等. 统计细观损伤力学和损伤演化诱致灾变 I [J]. 力学进展, 1995, 25(1): 1-38.

[44] 夏蒙棻, 韩闻生, 柯孚久, 等. 统计细观损伤力学和损伤演化诱致灾变 II [J]. 力学进展, 1995, 25(2): 145-173.

[45] Bai Y L, Xia M F, Ke F J, et al. Closed trans-scale statistical microdamage mechanics[J]. Acta Mech Sinica, 2002, 18(1): 1-17.

[46] Ke F J, Bai Y L, Xia M F. Evolution of ideal micro-crack system[J]. Sci China Ser A, 1990, 33(12): 1447-1459.

[47] Li H L, Bai Y L, Xia M F, et al. Damage localization as a possible precursor of earthquake rupture[J]. Pure Appl Geophys, 2000, 157: 1929-1943.

[48] Xue J, Hao S W, Yang R, et al. Localization of deformation and its effects on power-law

singularity preceding catastrophic rupture in rocks[J]. Int J Damage Mech, 2019, 29(1): 86-102.

[49] Olsson W A, Holcomb D J. Compaction localization in porous rock[J]. Geophy Res Lett, 2000, 27(21): 3537-3540.

[50] Bazant Z P, Pijaudier-Cabot G. Measurement of characteristic length of nonlocal continuum[J]. J Eng Mech ASCE, 1989, 115: 755-767.

[51] Rudnicki J W, Rice J R. Conditions for the localization of deformation in pressure-sensitive dilatant materials[J]. J Mech Phys Solids, 1975, 23: 371-394.

[52] Benallal A, Comi C. Perturbation growth and localization in fluid-saturated inelastic porous media under quasi-static loadings[J]. J Mech Phys Solids, 2003, 51: 851-899.

[53] 郝圣旺. 非均匀脆性介质损伤演化的一维准静态线性失稳及其发展[J]. 燕山大学学报, 2019, 35(5): 459-464.

[54] Bai Y L, Bai J, Li H L, et al. Damage evolution localization and failure of solid subjected to impact loading[J]. Int J Impact Eng, 2000, 24: 685-701.

[55] Wawersik W R, Brace W F. Post-failure behavior of a granite and diabase[J]. Rock Mech, 1971, 3(2): 61-85.

[56] Labuz J F, Biolzi L. Class I vs Class II stability: A demonstration of size effect[J]. Int J Rock Mech Min Sci & Geomech Abstr, 1991, 28(2/3): 199-205.

第 3 章 灾变破坏非线性动力学过程与斑图演化

3.1 控制边界位移单调加载试验中的灾变破坏过程

3.1.1 试验模拟与驱动响应原理

实验室里通常的单调加载过程，主要有力控制加载和控制作动器位移单调增加两种加载方式，而控制作动器位移单调增加是更为常见的测试加载过程。在实验室加载实验中，整个受载系统实际包含两部分，一部分是位于两个加载压头之间的试样，另一部分是由力传感器、加载架等组成的加载测量系统，该部分通常也统称为加载系统。由于加载系统的刚度不可能无穷大，在加载过程中，加载系统将与测试试样一起发生变形和受力。研究者们通常将加载系统的刚度称为试验机的刚度，将作动器的位移称为试验机的位移或边界位移。

对于力控制的加载方式，加载系统的刚度影响一般可以忽略不计。但是，在控制试验机位移的加载方式中，加载系统的刚度有时有着非常大的影响。尤其是在非均匀脆性介质的测试过程中，峰值力之后，加载系统会释放前面存储的弹性能，并在满足灾变破坏条件时触发灾变破坏。

鉴于此，可以用试验机加载系统来模拟自然界和实际工程中的弹性场，如断层的围岩等。边界位移加载，用来模拟板块的移动等加载过程，受载的试样用来模拟断层受载过程。该测试过程中，边界位移即为驱动量，而试样的变形、声发射、力等为可测量的响应量。如图 3-1 所示[1-3]，试验机边界加载位移 U 是试样变形 u 和加载系统变形 u_e 的总和，即

$$U = u + u_e \tag{3-1}$$

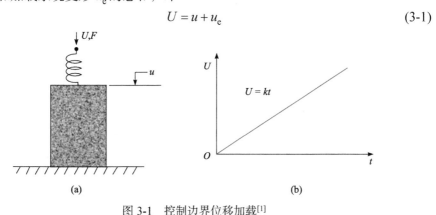

图 3-1 控制边界位移加载[1]

3.1.2　灾变破坏过程与驱动响应演化特征

图 3-2 给出的是控制边界位移单轴加载试验中，花岗岩试样的载荷、变形曲线演化过程[1]。可以看出，在控制边界位移(displacement)单调增加的加载过程中，试样的应力曲线在最大应力点后继续演化，并在应力软化过程中的某一点发生灾变破坏，相应地其变形和应力发生突跳。对于岩石、混凝土等非均匀准脆性材料，试样的峰值力和灾变破坏点均表现出分散性(图 3-2(a))。由第 2 章分析可以看出，当弹性场一定时，这种分散性主要由材料内禀的非均匀性特征所主导和决定。

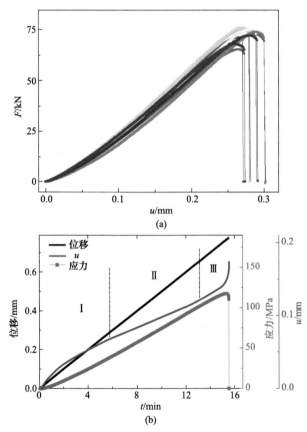

(a)

(b)

图 3-2　花岗岩试样单轴加载试验的驱动与响应曲线[1]

从应力响应特征来看(图 3-2(b))，整个加载过程中，应力曲线开始时是一个下凹的过程，一般可以近似地看作是一个非线性弹性过程，因为该阶段卸载后变形和力均可恢复。同时，该阶段表现出的强化特征对应初始裂纹的闭合。此阶段后是与所有材料类似的一个近似线性过程，即近似的线弹性阶段。随后，应力曲线又转向非线性演化，直到峰值应力及后期斜率为负值的部分，通常局部化现象会出现在该过程中。

试样变形(deformation)u 的整个演化过程也可对应地分为三个典型阶段[1,3] (图 3-2(b))，即初始阶段的变形快速增加过程，该阶段的变形-时间曲线上凸，即变形增加的速度呈减小过程。所以，该阶段是一个变形快速增加的减速过程，对应于应力的初始强化过程。随着变形速度的减小并趋向于一个稳定值，即变形-时间曲线近似呈线性发展，进入稳定的恒速率的变形线性发展的第二阶段。最后，变形由稳定线性发展转向加速发展，进入加速变形的第三阶段，直至诱发宏观灾变破坏。

由图 3-2 可以看出，在灾变破坏点，力-时间曲线和位移-时间曲线切线接近于垂直状态，也就是说它们的斜率趋向于无穷大[1,3]，即

$$\left.\frac{\mathrm{d}u}{\mathrm{d}t}\right|_f \to \infty , \quad \left.-\frac{\mathrm{d}F}{\mathrm{d}t}\right|_f \to \infty \tag{3-2}$$

由于 U 随时间线性增加(图 3-2(b))，则有

$$\left.\frac{\mathrm{d}u}{\mathrm{d}U}\right|_f \to \infty , \quad \left.-\frac{\mathrm{d}F}{\mathrm{d}U}\right|_f \to \infty \tag{3-3}$$

或

$$\left.\frac{\mathrm{d}U}{\mathrm{d}u}\right|_f = 0 , \quad \left.\frac{\mathrm{d}U}{\mathrm{d}F}\right|_f = 0 \tag{3-4}$$

这里的下标 f 代表各量在灾变破坏时刻的取值。

该结果正好与第 2 章理论模型分析的灾变破坏能量准则和驱动响应原理的结果一致，也就是在灾变破坏点，响应量相对于驱动量的变化率趋于无穷，表现出奇异性特征。图 3-3(a)给出了控制边界位移单调加载下，多个花岗岩、大理岩灾变破坏的变形-位移曲线，印证了变形演化三阶段特征，证实了变形趋向灾变破坏时的加速过程。试样变形响应 u 相对于边界加载位移 U 的一阶导数 $\mathrm{d}u/\mathrm{d}U$ 的演化曲线(图 3-3(b))，更清楚地证实了初始变形率下降的减速过程、中间恒演变率的线性稳定过程和最后趋向于灾变破坏的加速过程三阶段特征，及其在灾变破坏点奇异性行为。

另外，图 3-2 和图 3-3 也表明，除了响应量三阶段演化和临灾加速趋势这些共性特征之外，各样本响应量演化过程又呈现出各自的细节差异。这种细节上的差异，使得传统的强度统计方法无法精确预测单个样本的破坏。传统的强度统计方法，通常对应的是中长期估计，单个样本灾变破坏时间的精确预测，需要从样本自身信息演化过程入手。

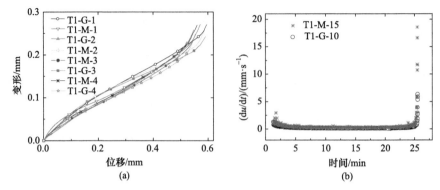

图 3-3　不同岩石试样灾变破坏的变形-位移曲线和变形率-时间曲线[1]

3.2　恒力与恒位移加载灾变破坏

3.2.1　试验模拟背景

实验室试验中，通常有三种加载方式[1]。除了上文的单调加载外，另外两种加载方式分别是恒力和恒位移加载。恒力加载通常称为蠕变过程，恒力加载下的破坏是蠕变破坏过程[1,4-6]。蠕变破坏过程与地震[7-12]、工程结构构件等破坏直接关联。而恒位移加载，通常对应的是一种应力松弛过程。

恒力、恒位移是两种典型受载情况，一个对应的是所受载荷不变[1,4-10]，一个对应的是边界加载位移不变[13,14]，分别对应的是两种加载速度极低的损伤和变形演化过程。它们与单调加载情况一起，构成了实验室三种典型准静态加载方式，代表着实际材料和结构构件准静态受载的三种基本过程，其他准静态过程大多可以由这三者组合来反映。

基于我们关心的是灾变破坏这一核心问题，所以试验着眼于岩石和混凝土在恒力和恒位移加载下的破坏现象，而不关注常规的长时间蠕变与应力松弛特征，测试的是恒力和恒位移加载下的破坏过程，基于此，我们把这两种试验称为"脆性蠕变破坏"[1,4]和"脆性蠕变应力松弛破坏"[13,14]试验。

3.2.2　监测信号演化过程与特征

1. 脆性蠕变破坏

图 3-4 给出的是脆性蠕变破坏试验中，花岗岩试样的一个典型完整加载与破坏过程[1,4]。该试验加载实现方式是：首先通过单调加载，到达设定应力水平后，控制试验保持恒力状态加载，观测整个过程中试样变形演化特征。由图 3-4 可以看出，试验机在恒力加载过程保持较好，保载一段时间后，试样发生了突然

脆性破坏。

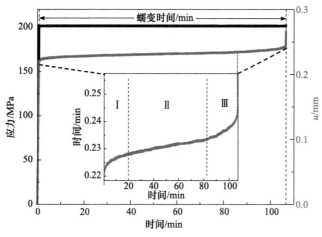

图 3-4　脆性蠕变破坏加载与响应曲线[1,4]

在恒力加载过程中，试样变形单调增加，并呈现出典型的三阶段特征[1,4]：①刚刚保载恒力时的初始阶段，变形快速增加，但变形增加的速度在单调减小，变形曲线呈上凸的加速过程；②随后进入第二阶段，变形随时间线性增长，通常称之为稳定阶段；③稳定阶段后，变形转向快速加速发展的第三阶段，并最终诱发宏观灾变破坏。所以，脆性蠕变破坏过程，变形演变呈现出与控制边界位移单调增加加载模式类似的三阶段演化过程。

图 3-5 给出了四种不同保载水平加载下，不同花岗岩试样脆性蠕变破坏过程的变形–时间曲线[1,15]。可以看出不同恒力水平下脆性蠕变破坏的变形演化呈现出相同的三阶段演化特征，除了这种共性的三阶段及最后加速过程特征外，各个加载水平下，不同试样通向灾变破坏过程和时间均表现出明显的差异。

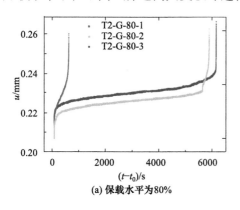

(a) 保载水平为80%

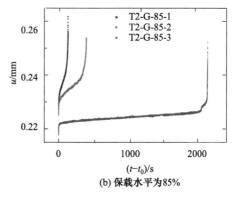

(b) 保载水平为85%

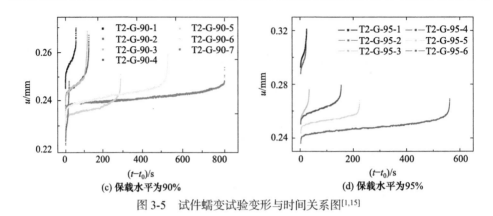

(c) 保载水平为90%　　　　　　　　(d) 保载水平为95%

图 3-5　试件蠕变试验变形与时间关系图[1,15]

2. 脆性蠕变应力松弛破坏

通常围岩中的断层、地下结构或工程中的破坏区(如煤瓦斯突出中的破坏区)等，其远场加载一般更接近于位移加载情况[13](图 3-6)。这种远场位移加载，速度相对较缓慢，远低于实验室单调加载速度。试想断层破坏引起的地震，孕育时间有的达几百年，甚至上千年，如果按类似加载速度进行实验室模拟，那么实验室试验时间将是无法承受的。为了考察极低位移加载速度下的破坏问题，我们设计了恒位移加载下的脆性蠕变应力松弛破坏试验。

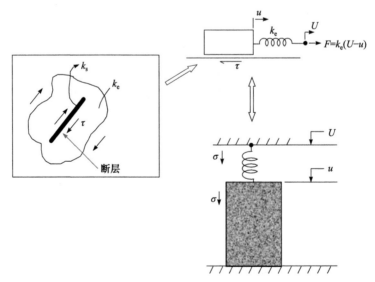

图 3-6　破坏区与围岩及远场加载示意图[13]

一般来说，控制位移恒定加载下，对应的是一个应力松弛过程。该过程一般描述为如图 3-7 所示的两个阶段，即开始时的应力快速松弛阶段和随后应力趋于稳定数值阶段。正是因为应力在逐渐松弛，并趋于恒定值，通常不会出现破坏。但是，有时大地震前往往伴随应力松弛现象，因此，在实验室实现应力松弛破坏并理解应力松弛破坏过程，对于这类灾害机理的认识及预防预测，无疑是必要的。

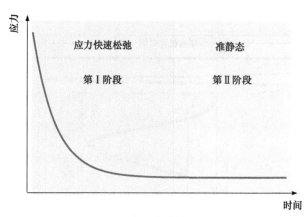

图 3-7　常规应力松弛过程

实际上，应力松弛过程与地震相互作用[16]和延迟破坏现象直接关联。地震的相互作用以及主余震关联，仍然是一个没有完全理解清楚的科学问题[17]。该问题的理解，不仅是理解地震触发机理和进行地震预测探索的关键，也是地震工程中进行抗震设计时需要解决的一个基本问题。静态触发[18-21]和动态触发[22-28]是关于余震和地震相关作用触发原理的两个主要的代表性观点。从静态应力观点来看，主震后引起的静态应力改变会随着空间距离而迅速衰减，所以，其在解释地震远场触发问题时遇到了困难，尤其是对于距离主震地点几千千米之外区域的地震触发问题[25,27]。因此，地震远场触发[25-27]观点通常将地震相互作用归功于主震发生后，产生的动态应力波经过某地时[29]所引起的应力改变。但是，主震引起的动态应力波经过时，通常引起的是一个瞬态的应力改变，而地震并没有随着该应力波经过时导致的应力改变而被触发，一般都有一定时间的滞后。所以，动态应力触发假说需要解决的一个核心问题是地震触发的延迟问题。

通常来说，延迟破坏应与材料的黏弹性行为直接关联。实地监测和实验室结果表明，应力松弛与许多破坏现象有关[30-32]，应力松弛过程也被用来理解和解释余震序列[11,32]。主震发生后，动态地震波经过的地方会产生一个瞬态的应变上升[28]，地震波过后对应的应是一个应力松弛过程。因此，脆性应力松弛破坏是理解地震相互作用与主余震触发关联物理及过程的一个关键，也是认识材料延迟破坏的一个基础性问题。

图 3-8 给出的是恒位移加载下，花岗岩试样脆性蠕变应力松弛破坏试验的典

型过程[1,13]。试验中，首先将控制试验机作动器位移单调增加至设定位移，然后保持该位移恒定，即保持作动器位置恒定，观测试样变形、力的演化过程。可以看出，在试验机作动器位移恒定时，与传统的两阶段应力松弛过程(图 3-7)不同，花岗岩试样发生了突然的脆性破坏(图 3-8)。在位移恒定加载过程中，试样发生应力松弛的同时，其变形不断增长，且同样展现出典型的三阶段特征。

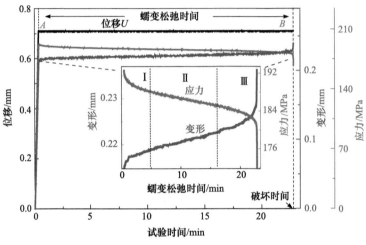

图 3-8　花岗岩试样脆性蠕变应力松弛破坏过程[1,13]

其他大理岩、混凝土亦表现出了类似的脆性蠕变应力松弛破坏过程(图 3-9)。当试验机位移刚开始保持恒定时，试样应力发生快速松弛，伴随着试样变形的快速上升，这种应力快速松弛和变形快速增加过程呈减速发展；随后两者速度衰减到一个稳定值，即进入稳定的线性发展阶段；最后，应力松弛过程和变形增长转向加速发展，并最终诱发宏观灾变破坏。与传统应力松弛过程不同，本试验中在应力松弛的同时，试样变形也在增长，应力松弛并没有趋于一个稳定值，而是最后转向加速发展，导致试样破坏。

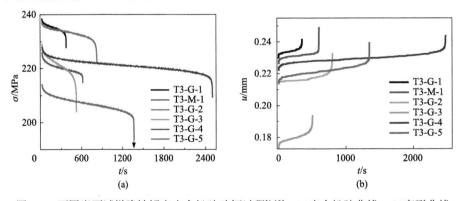

图 3-9　不同岩石试样脆性蠕变应力松弛破坏过程[1,13]。(a)应力松弛曲线；(b)变形曲线

这种脆性应力松弛破坏与图 3-7 所示的传统应力松弛过程明显不同。其中的主要原因在于两个方面，一个是非均匀准脆性材料本身性能特征，另一个是加载架也就是机器刚度。对应一般的塑性材料，其应力松弛过程是由于非弹性变形替换早期的弹性变形[33-35]。对于岩石、混凝土等非均匀脆性材料，其应力松弛主要是内部损伤发展所致，也就是通过损伤发展替换了早期的弹性变形，从而实现应力松弛。损伤发展的时间过程，如微损伤的成核和长大[32]、串级和联结过程，是非均匀脆性材料应力松弛过程的本质特征。该过程最终导致了宏观破坏，这应是延迟破坏的一个内在机理。

非均匀脆性材料应力松弛过程中，驱动损伤发展的一个关键是储存于弹性场(如试验中的加载架)中的能量释放。在前期的快速加载过程中，试验机加载架储存了弹性变形能。在应力松弛过程中，伴随应力下降，加载架释放弹性变形能并发生弹性变形恢复。据此，在本试验中，利用加载架模拟实际的弹性环境(如断层的围岩等)。需要指出的是，即便在刚性试验机加载下，试样的局部化也会导致脆性蠕变应力松弛破坏。根据脆性蠕变应力松弛破坏结果，蠕变-应力松弛破坏是余震触发延迟的一个可能机理。有研究认为余震可能会滞后于主震几年甚至几百年[36]。

所以，本试验结果一个重要的贡献是表明了恒位移加载下不仅会出现如图 3-7 所示传统应力松弛过程，而且会导致突发性的灾变破坏。应力松弛导致的灾变破坏，得到了理论模型分析的证实[37]。这些脆性蠕变应力松弛破坏的理论模型和试验结果，可能为自然界和实际工程中的延迟破坏给出了一个新的解释和思路。图 3-9 表明，初始施加的作动器即边界加载位移相同的情况下，各试样的破坏时间呈现出明显的差异。这种样本个性差异，可能是各个余震呈现出时间上差异的一个内在原因。

3.3 稳定阶段发展与灾变破坏的关联

3.3.1 灾变破坏脆性参数

3.1 节和 3.2 节的结果表明，三种加载方式下[1-4,13]，虽然加载驱动方式不同，但是所有试样通向灾变破坏的响应量演化过程(图 3-3、图 3-5、图 3-9)均表现出典型的三阶段特征。其中，近似呈线性发展的稳定阶段，通常称为第二阶段(secondary stage)的时间占整个试样寿命的主要部分，主导试样通向破坏的整个时间。同时，稳定发展的第二阶段是变形向加速发展的转变阶段，可以说是变形向非稳定的加速发展的酝酿阶段。因此，稳定阶段的发展过程应与试样是否会发生灾变破坏直接关联，与试样发生灾变破坏的加速过程和破坏时间直接关联。同样，由图 3-3、图 3-5、图 3-9 可以大致看出，各试样破坏时间有着差异，对应地其稳定阶段发展速度也呈现着样本间的差异。

为更清楚地说明该问题，以脆性蠕变应力松弛过程(图 3-10)为例[1,13]，对此进行一个能量分析。对于非均匀脆性材料，稳定阶段变形发展速度 λ_s 可以看作是该阶段损伤发展速度。在恒位移加载下，由能量增量公式

$$\Delta W = \frac{1}{2} U \Delta F \tag{3-5}$$

则应力松弛过程相当于能量释放过程。整个过程中平均应力松弛率[1,13]

$$\mu = \frac{\sigma_f - \sigma_0}{t_f - t_0} \tag{3-6}$$

式中，t_0 和 σ_0 代表位移保持恒定开始的时刻及对应应力，t_f 和 σ_f 代表试样破坏时间及对应应力。因此，稳定阶段应力松弛率 λ_s 与整个过程平均松弛率 μ 的比值代表着稳定阶段能量释放与整个破坏过程总能量平均释放率的比[1,13]。因此，如果稳定阶段释放能量相对快，即 λ_s / μ 越大，代表前期释放能量相对越大，最后失稳阶段释放的能量相对越小。很明显，λ_s / μ 的取值在 0 到 1 之间。

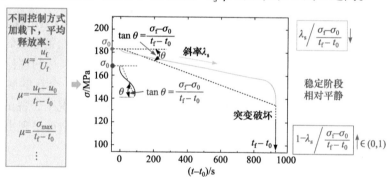

图 3-10　破坏脆性参数含义示意图

脆性材料变形主要对应于损伤发展，变形响应过程可以看作是损伤发展过程的一个间接表征。稳定阶段变形演化速度 λ_s 与整个过程变形平均率 μ 的比值代表稳定阶段变形的相对发展速度。λ_s / μ 的值越小，代表稳定阶段产生的变形比例越小，失稳破坏阶段的变形相对比例越大；另一方面，λ_s / μ 的值越小，稳定阶段的相对演化过程相对越平缓，破坏前越平静。

对于控制位移单调加载，变形的平均演化率[1]

$$\mu = \frac{u_f}{U_f} \tag{3-7}$$

式中，u_f 和 U_f 分别代表试样灾变破坏时的变形和加载位移，μ 则代表变形平均演化率。

对于脆性蠕变破坏和脆性蠕变应力松弛破坏，变形的稳定阶段平均演化率[1,13]

$$\mu = \frac{u_f - u_0}{t_f - t_0} \tag{3-8}$$

同时，脆性蠕变应力松弛破坏中的稳定阶段平均演变率[1,13]

$$\mu = \frac{\sigma_f - \sigma_0}{t_f - t_0}$$

式中，t_0 代表位移和力保持恒定开始的时刻，对应地变形 u_0 代表位移和力保持恒定开始时的变形，t_f 代表试样发生破坏的时刻。

3.3.2　稳定阶段与灾变破坏时间的关系

1. 试验结果

上面试验结果及分析表明，稳定阶段演化率与灾变破坏时间应有着直接关联。三种试验中，平均演变率与稳定阶段演变率的双对数图(图 3-11、图 3-12 和图 3-13)的良好线性关系表明两者存在如下的幂律关系[1,13,38,39]

$$\mu = B\lambda_s^q \tag{3-9}$$

式中，B 是常数；q 为幂指数，在单调加载试验中约为 0.70，脆性蠕变破坏试验中约为 0.94，脆性蠕变应力松弛试验中约为 0.84。在脆性蠕变应力松弛破坏中，变形演变和应力松弛的指数 q 近似相同(图 3-13)，这个结果为据此进行破坏时间估计的统一认识提供了支撑。

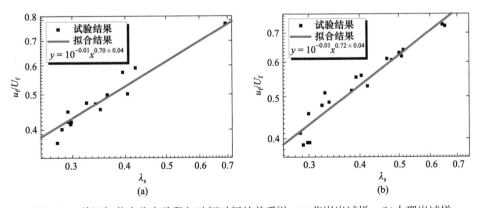

图 3-11　单调加载中稳定阶段与破坏时间的关系[1]。(a)花岗岩试样；(b)大理岩试样

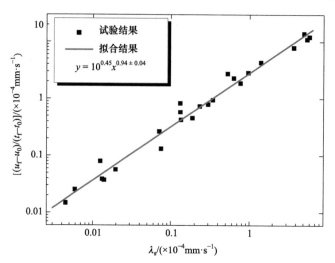

图 3-12　脆性蠕变破坏稳定阶段与破坏时间的关系[1,39]

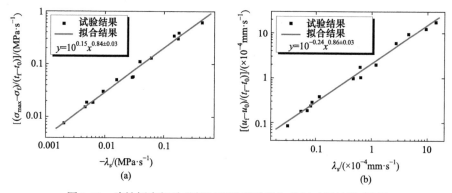

图 3-13　脆性蠕变松弛破坏过程稳定阶段与破坏时间的关系[1,13]

2. 理论解释

上面均为试验结果，下面将由亚裂纹扩展与破坏角度来对式(3-9)所给出的关系进行分析和说明。从断裂力学角度，裂纹扩展速度与应力强度因子呈幂律关系[40-42]

$$\frac{V}{V_0} = \left(\frac{K}{K_c}\right)^q \exp\left(\frac{-H}{RT}\right), \qquad K_0 < K < K_c \tag{3-10}$$

式中，V 为裂纹扩展速度，R 为理想气体常数，T 为温度，H 为激活能，K_0 为裂纹开始扩展的应力强度因子阈值，K_c 为断裂韧度。由等式(3-10)，可以得到破坏时间与应力的幂律关系[10,40,43-45]

$$t_f = t_* \left(\frac{\sigma}{\sigma_*} \right)^{-p} \tag{3-11}$$

其中，t_* 和 σ_* 的取值与岩石等材料相关[46]。除了解析和试验得到的上述幂律关系外，另外一些试验结果也表明破坏时间与应力呈指数关系[43,47,48]

$$t_f = t_* \exp \left(-b \frac{\sigma}{\sigma_*} \right) \tag{3-12}$$

式(3-11)和(3-12)两个经验关系在一定程度上实际是等价的[43]，并都表明破坏时间与所受应力密切相关。幂律关系(3-11)可以表示为

$$\frac{\kappa}{t_f} = \dot{\varepsilon}^{\beta} \tag{3-13}$$

如果用 $(\varepsilon_f - \varepsilon_0)$ 代替 κ，等式(3-13)即为式(3-9)。

3.4　灾变破坏的斑图演化

3.4.1　表面变形场斑图的非均匀演变特征

图 3-14～图 3-17 给出的是大理岩试样通向灾变破坏过程表面变形场演化特征[49]。在灾变破坏发生前，出现了明显的表面变形场的局部聚集现象，即破裂面附近区域的变形明显高于其他区域，该现象称为变形局部化[2,49-51]。

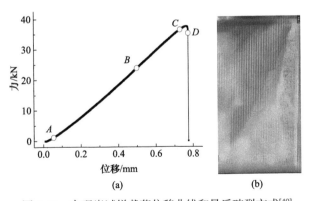

图 3-14　大理岩试样载荷位移曲线和最后破裂方式[49]

开始阶段，变形场演化在空间上呈随机涨落。随着加载的进行，变形聚集的局部化现象开始出现。随后，局部化区不断发展，并最终导致宏观破坏。

为进一步刻画变形场斑图的非均匀演化特征，定义局部应变涨落为局部应变 ε_i 与整体平均应变 $\langle \varepsilon \rangle$ 的差值[52]

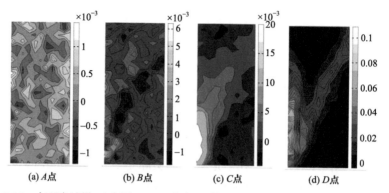

(a) A点   (b) B点   (c) C点   (d) D点

图 3-15 大理岩试样(对应图 3-14 上各点)的第一主应变演化斑图，(d)为灾变前的
最后一张应变斑图[49]

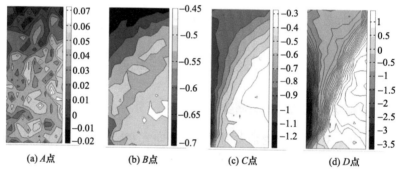

(a) A点   (b) B点   (c) C点   (d) D点

图 3-16 大理岩试样(对应图 3-14 上各点)的横向位移场演化斑图，(d)为灾变前的
最后一张位移场斑图[49]

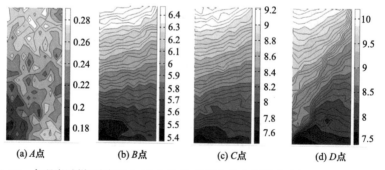

(a) A点   (b) B点   (c) C点   (d) D点

图 3-17 大理岩试样(对应图 3-14 上各点)的纵向位移场演化斑图，(d)为灾变前的
最后一张位移场斑图[49]

$$\text{Fluctuation}(i) = \varepsilon_i - \langle \varepsilon \rangle \tag{3-14}$$

局部应变涨落代表着局部应变对平均值的偏离程度。

图 3-18 和图 3-19 给出了大理岩试样在单轴压缩加载下，不同时刻的应变涨

落和应变涨落率的分布特征。可以看出在加载初期($t = -27\text{s}$)，试样的表面应变场涨落呈随机分布。随着灾变破坏点的临近，一个高应变和应变率的局部化区逐渐在 $x = 0$，即宏观破裂面附近形成[49,50]。

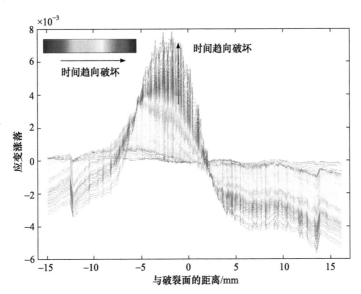

图 3-18　大理岩试样在不同时刻应变涨落的空间分布[49]

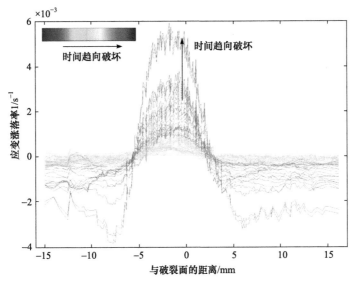

图 3-19　大理岩试样在不同时刻应变涨落率的空间分布[49]

3.4.2　表面变形场斑图演变的跨尺度统计特征

1. 表面变形场演化的跨尺度涨落统计特征

局部应变涨落反映了局部应变对其整体平均值的偏离程度，反映的是局部特征，对于整体特征还需要进一步定义新的函数。由式(3-14)计算得到的局部应变涨落值有正有负，因此定义局部涨落值平方的平均值[49,52]

$$\text{Fluctuation}(\ ) = \frac{1}{n}\sum_{i=1}^{n}\left(\varepsilon_i - \langle\varepsilon\rangle\right)^2 \tag{3-15}$$

来度量整体应变非均匀性。该值越大，应变的非均匀性越大。因此，该值的演化时程是变形场非均匀程度演化的一个定量表征。

为了更好地刻画应变场非均匀斑图演化的统计特征，计算不同尺度应变场涨落值，即应变场的跨尺度涨落，其计算方法如下。

(1) 将试样表面计算单元粗粒化(如图 3-20 粗体窗口所示)，滑动窗口计算各粗粒化计算窗口($d\times d$)内的平均应变值 ε_J，即 $\varepsilon_J = \frac{1}{I}\sum_{i=1}^{I(\text{calculating window})}\varepsilon_i$。下标 J 表示计算窗口的编号，ε_i 为粗粒化窗口内各散斑相关计算单元的应变值，I 为粗粒化计算窗口内散斑计算单元的数量。

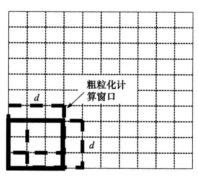

图 3-20　跨尺度计算窗口示意图。图中小方格代表散斑相关计算单元，实线粗体的方框代表计算应变涨落值所选择窗口的大小。虚线粗体方框表示计算时粗粒化窗口滑移的方式[49]

(2) 根据下式

$$\text{Fluctuation}(d) = \frac{1}{n}\sum_{J=1}^{n}\left(\varepsilon_J - \langle\varepsilon\rangle\right)^2 \tag{3-16}$$

计算该粗粒化窗口尺寸下试样应变场的涨落值。其中，d 为粗粒化窗口的尺寸(图 3-20)，ε_J 为粗粒化计算窗口内的平均应变(本节取第一主应变)值，$\langle\varepsilon\rangle$ 为整个试样的平均应变值，即 $\langle\varepsilon\rangle = \sum_{i}^{I(\text{whole specimen})}\varepsilon_i / I$。

(3) 变换窗口尺寸，计算各不同粗粒化窗口尺寸下的应变涨落值。

(4) 计算不同时刻，各不同粗粒化窗口尺寸下的应变涨落值。

图 3-21 给出了试样发生灾变破坏时刻不同粗粒化计算窗口尺寸下应变涨落值。可以看出，小尺度的应变涨落值高于大尺度的应变涨落值。且在窗口尺寸较小时，随着窗口尺度的增加，应变涨落值迅速下降，这个结果是很自然的。图 3-22 给出了窗口尺度取最小值，即粗粒化窗口等于散斑计算单元尺寸时所得的应变涨落随时间演化的特点。横轴为时间轴，其 0 点表示灾变破坏点，坐标值表示各计算点距离灾变破坏点的时间间隔，负号表示该点处于灾变破坏点之前。从图中可以看出，在开始阶段应变的涨落很小，在灾变破坏点附近，应变涨落值急剧增加。说明随着灾变破坏的临近，应变场的非均匀性急剧增加。

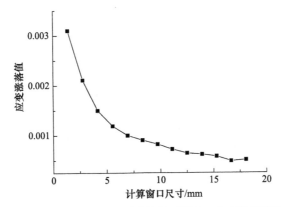

图 3-21　试样灾变破坏时刻计算的不同窗口应变涨落值[49,52]

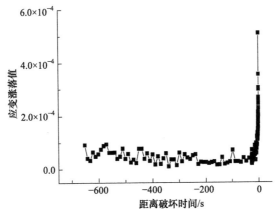

图 3-22　粗粒化窗口为散斑计算单元尺寸时应变涨落随时间的演化曲线[49,52]。横轴为时间轴，其 0 点表示灾变点，坐标值表示各计算点距离灾变点的时间间隔，负号表示该点处于灾变点之前

　　为了更清楚地说明试样损伤演化诱致灾变破坏的过程中应变场的跨尺度涨落现象，图 3-23 给出了各不同粗粒化计算窗口尺度下应变涨落值随时间的演化曲线。图中时间轴的 0 点表示灾变破坏点，横轴各数值表示各计算点距离灾变破坏点的时间间隔，负号表示该点处于灾变点之前。从图中可以看出，各个时刻应变涨落均随着粗粒化计算窗口尺度的增加逐渐降低。在加载初期的很长一段时间，各个尺度上的应变场涨落都很小。随着灾变破坏的临近，在靠近灾变破坏点时不同尺度上的应变涨落急剧上升。这种现象称为跨尺度涨落，是灾变的一种重要的、具有共性的前兆特征。它表明，当系统趋向灾变点时，表面应变场的涨落不再是小尺度的随机涨落，而是出现了不同尺度的涨落，即涨落的空间相关尺度增大。这种现象与局部化的发展有密切关系。

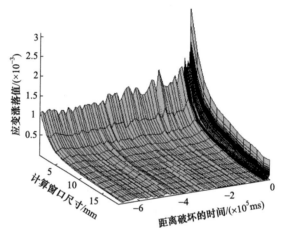

图 3-23　各粗粒化计算窗口尺寸下应变涨落值随时间的演化特点[49,52]。时间轴的 0 点表示灾变点，坐标值表示各计算点距离灾变点的时间间隔，负号表示该点处于灾变点之前

2. 表面变形场演化的跨尺度自相关特征

　　为了表征和定量地描述局部化演化特征，我们提出了一种基于 Moran's I 值[53]跨尺度自相关的应变场统计分析方法，对试验中观测到的应变随时间的聚集特征及其空间上的自相关特征进行了分析。其计算方法如下[49,52,54]：

$$I(d) = \frac{n}{\sum\limits_{i=1}^{n}\sum\limits_{j=1}^{n}W_{ij}(d)} \times \frac{\sum\limits_{i=1}^{n}\sum\limits_{j=1}^{n}W_{ij}(d)(x_i - \langle x \rangle)(x_j - \langle x \rangle)}{\sum\limits_{i=1}^{n}(x_i - \langle x \rangle)^2} \tag{3-17}$$

其中，ε_i 代表统计量在第 i 位置的值，$\langle \varepsilon \rangle$ 表示平均应变。空间相邻权重矩阵 W_{ij} 的计算方法如图 3-24 所示，当 j 单元($j = 1, 2, \cdots, n$)与 i 单元的距离小于 d 时，则

$W_{ij}(d)=1$；否则 $W_{ij}(d)=0$。

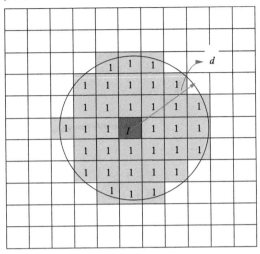

图 3-24　不同近邻半径时空间相邻权重矩阵 W_{ij} 的计算方法[49]。

单元中心位于计算近邻半径 d 内的认为其为 i 单元的近邻，$W_{ij}(d)=1$

很明显，Moran's I 值介于 -1 到 1 之间。当 $\varepsilon_i-\langle\varepsilon\rangle$ 与 $\varepsilon_j-\langle\varepsilon\rangle$ 同时为正或同时为负时，则 $(\varepsilon_i-\langle\varepsilon\rangle)(\varepsilon_j-\langle\varepsilon\rangle)$ 一定为正，表示两单元的应变涨落方向相同，即应变均高于平均值或均小于平均值，因此为正相关；反之，当两单元的应变涨落值一正一负时，则 $(\varepsilon_i-\langle\varepsilon\rangle)(\varepsilon_j-\langle\varepsilon\rangle)$ 一定为负，代表两者负相关。另一方面，$(\varepsilon_i-\langle\varepsilon\rangle)(\varepsilon_j-\langle\varepsilon\rangle)$ 的绝对值的大小则由 ε_i 和 ε_j 与应变平均值的差值决定，当 ε_i 和 ε_j 与应变平均值的差值明显时，都会使 Moran's I 的绝对值变大，反映了高应变区和低应变区聚集程度。

图 3-25 给出了试样发生灾变破坏时刻、不同近邻半径尺寸下应变场自相关性的演化特征。结果表明，小近邻半径时的自相关函数 Moran's I 值高于大近邻半径时的值。且在近邻计算窗口半径较小时，随着近邻半径的减小，自相关函数值迅速上升。图 3-26 给出了计算近邻半径取最小值时，应变场自相关函数 Moran's I 值随时间演化的特点[50,55]。其中横轴为时间轴，其 0 点表示灾变破坏点。从图中可以看出，在开始阶段自相关函数值很小，在灾变点附近，自相关函数值急剧增加。说明随着灾变的临近，应变场的高应变区的聚集程度快速上升。

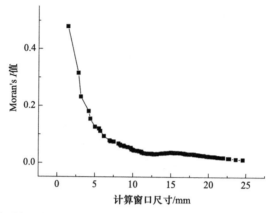

图 3-25　试样灾变破坏时刻不同近邻计算窗口半径下应变场自相关函数 Moran's I 值[49,54]

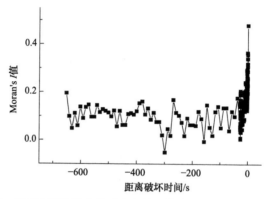

图 3-26　近邻半径取最小值时自相关函数值随时间的演化特征[49,54]

　　图 3-27 给出了两个代表性试样在不同近邻计算窗口半径时自相关函数 Moran's I 值的演化特征[49,54]。可以看出，整个自相关函数的演化可以分为两个阶段：第一阶段是自相关值 Moran's I 呈现弱涨落的近似均匀变形的阶段；第二阶

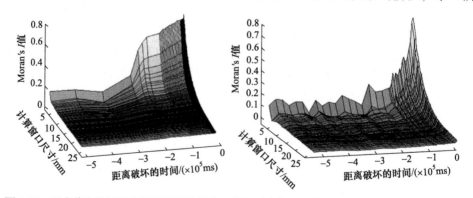

图 3-27　两个代表性试样在不同近邻计算窗口半径时自相关函数 Moran's I 值的演化特征[49,52,54]

段是临近灾变点时，Moran's I 值呈加速发展的阶段。可以看出，当计算应变的自相关窗口尺寸超过了 7～8mm 时，其自相关 Moran's I 值随着窗口尺寸的变化很小。这表明，试验中应变场的自相关尺度约为 7～8mm，也就是大致对应于试验中的局部区尺度。

3.5　变形局部化及发展特征

3.5.1　变形局部化成核与发展

局部化是通向灾变破坏过程的变形和损伤演化的一种较为普遍的现象，对局部发展的刻画与表征是理解破坏过程的关键，也是数值模拟和理论模型建立的基础。针对单轴压缩加载下具有单一宏观破裂面的岩石试样，采用以下方式定义局部化区[49,50]。在描述局部化过程和局部化区充分发展的所有图形中，如没有特别指定，其坐标轴的原点($x = 0$)均定义在该宏观破裂面上，x_i 为离开该宏观破裂面的距离；将灾变破坏发生的时刻定义为 $t = 0$，其他考察时间均定义为 $t_j - t_r$，其中 t_r 为试验测量时岩石试样发生宏观破坏时机器记录的时间，t_j 为各采样点机器记录的时间。根据此定义，本章图中各采样点的时间的负值表示其在时间轴上位于宏观灾变破坏之前。试样各位置点 i 的应变 ε_i 是位于 x_i 且平行于宏观破裂面的宽度 $d = 2$ mm 的条带内的平均应变。本章如果没有特别声明，其应变均指第一主应变。条带中心与破裂面之间的垂直距离 x_i 定义为其与宏观灾变破裂面之间的距离，即下文中图 3-28、图 3-29 等图中坐标轴所标示的"与破裂面的距离"。

应变涨落定义为 $\varepsilon_i - \langle \varepsilon \rangle$。其中 $\langle \varepsilon \rangle$ 代表该计算时刻整个试样表面的平均应变，即 $\langle \varepsilon \rangle = \dfrac{1}{I} \displaystyle\sum_{i}^{I(\text{whole specimen})} \varepsilon_i$。如此，则 $\mathrm{d}(\varepsilon_i - \langle \varepsilon \rangle)/\mathrm{d}t$ 表示的是某时刻在位置 i 处的应变涨落增长率[50,51]。

图 3-28、图 3-29 给出的是试样完整的应变涨落和应变涨落增长率的时空演化特征。图中发生宏观灾变破坏的时刻定义为时间轴的 0 点。如前所述，坐标原点($x = 0$)定义在宏观破裂面上，所以 x 坐标值表示某点到宏观破裂面的垂直距离，x 值的正负则表示分别位于宏观破裂面的两侧。

可以看出，在准静态单调压缩加载下，岩石试样应变场的演化发展首先要经历一个相当长的应变涨落和应变涨落率呈现随机分布的阶段。在这个阶段，应变涨落和应变涨落率都很小，应变场稳定发展。随着应变的进一步增加，在宏观破裂面附近的区域，其应变涨落和应变涨落率均明显上升，且均大于 0。此时局部化区成核并加速发展，并最终导致了试样的宏观破坏。在局部化区之外的区域，其应变涨落和应变涨落率基本表现为快速下降，且应变涨落值基本小于 0。

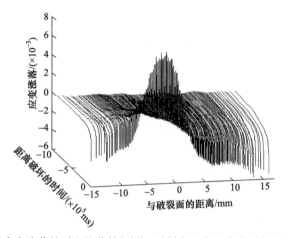

图 3-28　大理岩试样应变涨落的时空演化特征[49]。试样发生宏观灾变破坏的时刻定义为时间轴的 0 点。到破裂面的距离由各点的正负值表示其分别位于宏观破裂面的两侧，坐标原点 $(x = 0)$定义在宏观破裂面上，所以其坐标值表示该点到宏观破裂面的垂直距离

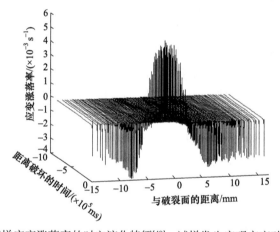

图 3-29　大理岩试样应变涨落率的时空演化特征[49]。试样发生宏观灾变破坏的时刻定义为时间轴的 0 点。到破裂面的距离由各点的正负值表示其分别位于宏观破裂面的两侧，坐标原点定义在宏观破裂面上，所以其坐标值表示该点到宏观破裂面的垂直距离

　　根据以上观察，我们可以将在单调加载下，发生这类破坏的岩石试样的应变场的演化过程分为两个明显的阶段[49,50,52]。

　　(1) 应变场稳定演化阶段。其特点是：应变基本保持均匀、只呈现慢增长的微弱涨落。

　　(2) 局部化加速发展阶段。其特点是：高应变局部化区的涌现和加速发展，并最终在局部化区出现破裂面，导致灾变。

3.5.2　局部化区竞争演化典型模式

　　灾变破坏前试样会形成多个高应变区，如图 3-30 所示，会形成两个共轭的高应变区[55]。但是，这两个试样的最终破坏方式只形成了一个宏观破裂面。所以这两个高应变区到底哪一个会是真正的形成最终宏观破裂面的局部化区是一个关键性问题。

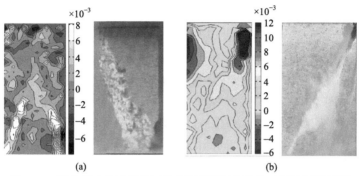

图 3-30　两个代表性试样破坏前表面变形场及最终破坏特征照片[55]

　　我们对局部化区斑图的时空演化特征进行了描述和分析，重点分析了三种典型局部化斑图竞争与选择最后诱发宏观破坏的模式(图 3-31～图 3-33)：单一局部化区发展诱发宏观破坏、两个高应变区的竞争诱发宏观灾变破坏和两个高应变区的发展到贯通诱发灾变破坏。

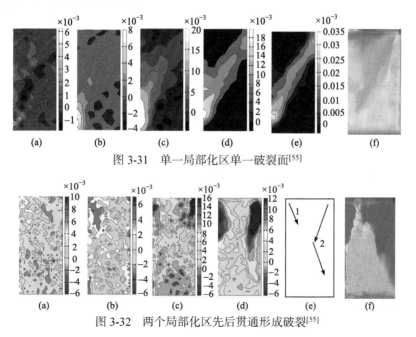

(a)　　　(b)　　　(c)　　　(d)　　　(e)　　　(f)

图 3-31　单一局部化区单一破裂面[55]

(a)　　　(b)　　　(c)　　　(d)　　　(e)　　　(f)

图 3-32　两个局部化区先后贯通形成破裂[55]

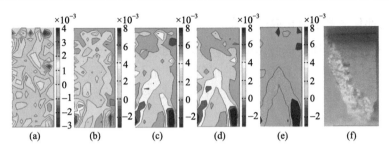

图 3-33　两个局部化区一个破裂面[55]

图 3-31 示出的是试样在整个变形演化过程中只形成了一个单一的局部化区，随后该局部化区不断演化发展，最终在该局部化区形成宏观破裂面并诱发宏观灾变破坏。图 3-32 示出的一个试样中，两个高应变区先后形成，不断发展，最后相互贯通诱发宏观灾变破坏。图 3-33 示出的是两个高应变区几乎同时成核，然后相互竞争，最后在其中的一个局部化区形成宏观破裂面并诱发灾变破坏。

上述的局部化斑图竞争与选择过程一方面表明了局部化演化的复杂性，另一方面也表明识别真正触发最后宏观破坏的局部化区十分重要。

3.5.3　局部化区尺度与发展

根据上面对单调加载下花岗岩和大理岩试样的应变涨落和应变涨落率的时空演化特征的分析，可以看出，局部化区的形成可以归结为应变加速发展的局部区的空间串级的过程。下面我们把某空间位置处的应变涨落呈现增长的条件 $\dfrac{d(\varepsilon_i - \langle\varepsilon\rangle)}{dt} > 0$ 和 $(\varepsilon_i - \langle\varepsilon\rangle) > 0$ 简称为局部应变演化失稳条件[49,50]，同时简称应变涨落值和应变涨落率均大于 0 的空间点为局部应变失稳点。图 3-34、图 3-35 示出了各花岗岩和大理岩试样整个样品表面的局部应变失稳点分布的时空图。图中的各"标记"(如"○""□""*""☆"…)表示此时刻该点满足 $\dfrac{d(\varepsilon_i - \langle\varepsilon\rangle)}{dt} > 0$ 和 $(\varepsilon_i - \langle\varepsilon\rangle) > 0$ 的条件。从图中可以看出，在加载的初期，局部应变失稳点在时间和空间上呈随机分布特征，即在空间分布上具有随机性，在出现和湮灭的时间上也呈随机性。随后，在应变演化的第Ⅱ阶段，局部应变演化失稳点逐渐稳定并集中在宏观破裂面附近的区域。在这个阶段，相应于这个局部化区之外的区域，其应变演化失稳点逐渐变得稀少并最终消失。

于是，我们可以对局部化区给出如下定义。即单调压缩加载下，如果某点自某一时刻 t 直到最后灾变破坏的整个过程中，其应变演化发展恒满足 $\dfrac{d(\varepsilon_i - \langle\varepsilon\rangle)}{dt} > 0$ 和 $(\varepsilon_i - \langle\varepsilon\rangle) > 0$ 两个条件，则认为该点属于局部化区；否则，认为该点处于非局部化区域。据此，我们就能够将局部化区与非局部化区区分开来，并可以确定局部化区的宽度。基于 9 个试样统计得到局部化区平均尺度为(7.2±0.73)mm(平均值±标准差)[49,50]。

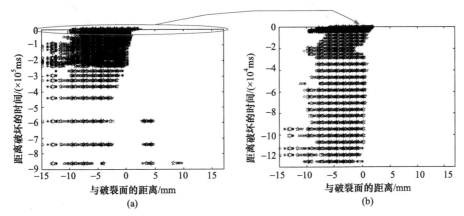

图 3-34　大理岩试样局部应变失稳点的时空分布特征[49,50]。图中各"标记"表示此时该位置 ε_i 满足 $(\varepsilon_i - \langle\varepsilon\rangle) > 0$ 和 $\dfrac{\mathrm{d}(\varepsilon_i - \langle\varepsilon\rangle)}{\mathrm{d}t} > 0$ 两条件。横轴为各点距离宏观破裂面的距离，纵轴坐标的数值表示其与宏观灾变破坏发生时刻的时间差(灾变破坏时刻定义为 0 时刻)。(b)为在灾变破坏时刻附近的放大图

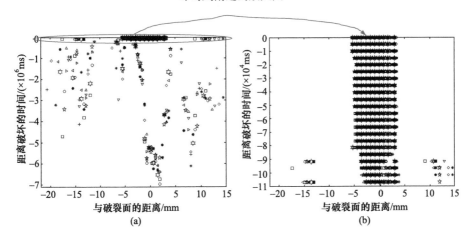

图 3-35　花岗岩试样局部应变失稳点的时空分布特征[49,50]。(b)为在灾变破坏时刻附近的局部放大图

在这里，我们将局部应变发生持续的失稳演化发展的第一时间定义为局部化区发展开始时刻，即局部化转变时刻。试验表明大多数试样的局部化转变点在最大应力点附近。图 3-36(a)所示试样局部化发生在最大应力点之前较早阶段，有

些试样局部化转变发生在最大应力点之后(图 3-36(b))[49,50]。

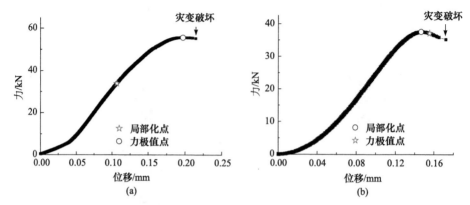

图 3-36　局部化成核点与载荷位移曲线演化的关系[49,50]。(a)局部化转变发生在最大应力点之前；(b)局部化转变发生在最大应力点之后

图 3-37 给出的是花岗岩和大理岩两种岩石试样，基于上述确定局部化区尺度演化过程[49,52]。图中 γ' 用试样尺度归一化后的局部化区尺度，ε_F 是破坏点的应变值。可以看出，局部化区尺度 γ' 由 1 演变到最终尺度，即失稳点由整个样本尺度逐渐转变聚集到一个狭窄区域。局部失稳点区域尺度最后收敛到上述方法确定的局部化区尺度。

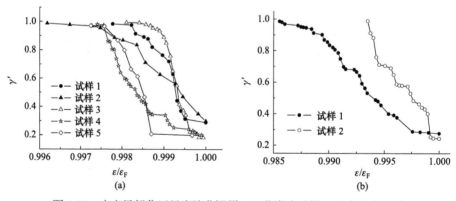

图 3-37　应变局部化区尺度演化[49,52]。(a)花岗岩试样；(b)大理岩试样

3.5.4　非破裂区的高应变区发展特征与岩石微裂纹观测

1. 与破裂面共轭的方向的高应变区的演化特征

试验观测表明有的试样通向灾变破坏的应变场斑图中，有时会形成两个高应变区(图 3-32 和图 3-33)。宏观破裂发生在其中的一个高应变区，另一个高应变区

位于破裂面的共轭对称方向(图 3-38)[49]。为了更清楚地说明局部化区的形成和演化发展特点，阐明局部化与灾变的关系，下面将对这两个试样的破裂面共轭面上的高应变区的演化发展进行分析。

在这里，依然将灾变时刻定义为 t_f 时刻，其他考察时间均定义为 $t_j - t_f$。但考察单元选取与上文不同，这里我们选与破裂面共轭面平行的条带作为考察单元，如图 3-38 所示，"共轭"是指与宏观破裂面呈"剪刀叉"形交叉的平面，按摩尔-库仑准则，"共轭"面与宏观破裂面之间的夹角为材料的内摩擦角。试样上各位置的应变 ε_i 是以 i 为中心且平行于宏观破裂面共轭面的宽度为 $d = 2\text{mm}$ 的条带内的平应变。这里的应变依旧取第一主应变。条带中心与破裂面的共轭面之间的垂直距离定义为各考察位置与宏观灾变破裂面共轭面之间的距离，即图 3-38 中的与破裂面共轭面的距离。

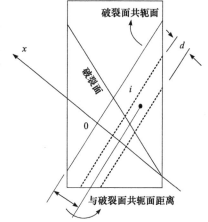

图 3-38　考察与破裂面共轭方向高应变区应变演化特征的坐标和单元描述图[49]。图中 x 轴垂直破裂面的共轭对称面，并且坐标的 0 点建立在的该共轭对称面上。各单元的宽度 d 取为 2mm

图 3-39 给出的代表性岩石试样应变涨落和应变涨落率的时空演化特征表明，虽然宏观破裂面共轭面附近应变也比较高，但是其应变演化发展与破裂面附近的局部化区的应变演化发展明显不同。位于破裂面共轭方向的高应变区应变涨落和应变涨落率并没有一个明显上升的过程，相反，在灾变破坏前，这个区域的应变涨落和应变涨落率反而明显下降。

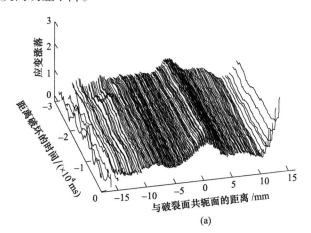

(a)

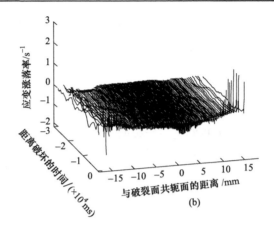

图 3-39　花岗岩试样与破裂面共轭方向高应变区的应变涨落及应变涨落率演化特征[49]。(a)应变涨落；(b)应变涨落率。可以看出，虽然这个区域应变也比较高，但是其应变涨落及应变涨落率在灾变前没有明显上升的趋势，而表现为明显下降

由此可以看出，根据我们以上的方法定义的局部化区主导着试样的最终宏观灾变破坏，试样的灾变破坏与本文定义的局部化区的演化发展密切相关。本章后面几节将基于上文定义的局部化区尺度，对试验中岩石试样的宏观灾变破坏进行预测。

2. 岩石微裂纹发展特征

图 3-40 是试验测试大理岩在光学显微镜下的照片。在加载前(图 3-40(a))，该大理岩在该分辨率下没有观测到可见裂纹。受载 80%时(图 3-40(b))，该大理岩出现明显的分布式裂纹，很多是沿晶界，也有穿晶的。扫描式电子显微镜(SEM)下照片(图 3-41)也清晰地显示出这种分布式的裂纹特征。与此鲜明对照的是，图 3-42 表明花岗岩受载过程显示出明显的局部化裂纹特征。

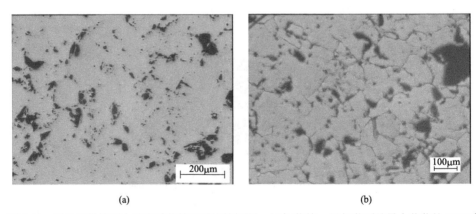

(a)　　　　　　　　　　　　　　　　　　(b)

图 3-40　光学显微镜下大理岩受载前后裂纹特征[56]。(a)加载前；(b)加载到约最大载荷的 80%时

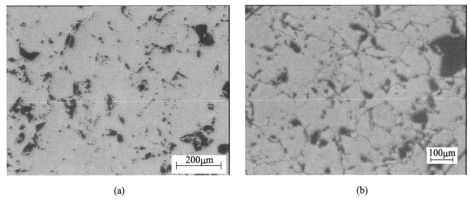

(a)　　　　　　　　　　　　　　　　　　　(b)

图 3-41　大理岩受载后 SEM 照片[56]

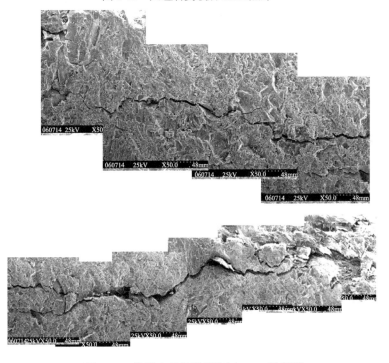

图 3-42　花岗岩裂纹扩展特征 SEM 照片[56]

图 3-42 表明，花岗岩试样受载过程中，裂纹发展的路径很明显不是单个直裂纹的扩展，但是完全集中在一个狭窄的区域。该区域之外，少有裂纹出现。这种区别一方面表明大理岩损伤演化过程表现出高于花岗岩的非均匀性特征，另一方面花岗岩这种高度的损伤局部化导致了其能量耗散局限在一个狭窄的局部化区，从而也导致其破坏表现出更高的脆性行为。

3.6　基于局部化区尺度的描述与预测检验

3.6.1　基于整体平均场对单轴加载下岩石试样的宏观灾变破坏点的预测

明晰局部化效应，据此准确地刻画岩石、混凝土等非均匀脆性介质的力学性能和灾变破坏过程，是局部化研究的一个基本目标。在这里，我们将分别基于整体平均场和考虑局部化区尺度的局部平均场近似两种情况，对岩石试样力学性能进行描述和比较分析，并在此基础上，对单轴加载下岩石试样的宏观灾变破坏进行预测检验[49,50]。

鉴于 Weibull 分布模型能够较好地刻画单轴加载下非均匀脆性材料的损伤演化过程，这里将继续采用 Weibull 分布函数

$$h(\sigma_{\mathrm{c}}) = \frac{\theta}{\eta}\left(\frac{\sigma_{\mathrm{c}}}{\eta}\right)^{\theta-1}\exp\left(-\left(\frac{\sigma_{\mathrm{c}}}{\eta}\right)^{\theta}\right) \tag{3-18}$$

来表征细观单元强度的非均匀性。其中 σ_{c} 为细观单元的强度，η 反映的是细观单元强度的平均值，θ 是 Weibull 分布函数的形状参数，也叫 Weibull 模数，反映的是单元强度的非均匀程度。对于一个线弹脆性细观单元，其应变阈值可以表示为

$$\varepsilon_{\mathrm{c}} = \frac{\sigma_{\mathrm{c}}}{E_0} \tag{3-19}$$

其中，E_0 为细观单元的线弹性模量。于是表达式(3-18)可以改写为

$$h(\varepsilon_{\mathrm{c}}) = \frac{m}{\eta}\left(\frac{E_0\varepsilon_{\mathrm{c}}}{\eta}\right)^{m-1}\exp\left(-\left(\frac{E_0\varepsilon_{\mathrm{c}}}{\eta}\right)^{m}\right) \tag{3-20}$$

这里依然引入驱动阈值非线性模型[57-61]刻画非均匀脆性介质损伤演化的过程。根据这个模型，当一个细观单元的承载或变形达到了其应力阈值或应变阈值时，则认为该细观单元发生破坏，失去承载能力。于是，整个试样的损伤分数可以表示为发生破坏的细观单元与所有细观单元总和之比，即

$$D(\varepsilon) = \int_0^{\varepsilon} h(\varepsilon_{\mathrm{c}})\,\mathrm{d}\varepsilon_{\mathrm{c}} = 1 - \exp\left(-\left(\frac{E_0\varepsilon}{\eta}\right)^{\theta}\right) \tag{3-21}$$

其中，ε 为试样的名义应变。在整体平均场近似下，我们假设试样的应力、应变和损伤在整个样本中是均匀分布的。那么，根据连续损伤力学[62-66]，我们可以写出试样的应力-应变关系如下：

$$\sigma_0 = E_0\big(1 - D(\varepsilon)\big)\varepsilon \tag{3-22}$$

式中，σ_0 为试样的名义应力。结合表达式(3-21)，试样的应力-应变关系可以表达为

$$\sigma(E_0\varepsilon/\eta)=(E_0\varepsilon/\eta)\mathrm{e}^{\left(-(E_0\varepsilon/\eta)^\theta\right)} \tag{3-23}$$

其中，σ 是归一化了的应力 $\sigma=\dfrac{\sigma_0}{\eta}$。根据灾变破坏发生的条件，即当试样的载荷-位移曲线的切线斜率等于加载试验机刚度的负值 $-k_{\mathrm{machine}}$ 时，试样将发生宏观灾变破坏；同时假设试样在受载变形直到灾变破坏的整个过程中整体平均场近似有效，即应力、应变和损伤场均呈均匀分布，从而，我们可以得到灾变条件

$$\frac{E_0 A}{l}\big(1-D(\varepsilon)-\varepsilon h(\varepsilon)\big)=-k_{\mathrm{machine}} \tag{3-24}$$

式中，A 和 l 分别为试样的横截面积和试样的高度，应变 ε 则是已经按如下方式归一化的应变 $\varepsilon=E_0\varepsilon/\eta$。上式左边为试样载荷-位移曲线的切线斜率，右边则是试验机刚度的负值。

　　根据上面的分析，当我们根据试验数据确定了试样的细观强度分布函数 $h(\varepsilon_{\mathrm{c}})$ 后，就可以利用式(3-24)确定试样的灾变破坏点的应变值 $\varepsilon_{\mathrm{F,G}}$。下标 F 表示灾变破坏，G 表示整体平均场。

　　下面以花岗岩试样 1 为例，说明在试验中确定 θ，η 和 E_0 三个参数的方法[49,50]。首先，根据试验测得的试样名义应力-应变关系曲线，确定其 σ_0-ε 曲线的切线斜率最大值点 Q。一般来说，Q 点之前 $\mathrm{d}\sigma_0/\mathrm{d}\varepsilon$ 值的非线性上升段是由于已有的微裂纹的闭合，其对后面的分析影响很小，所以在试样的名义应力-应变关系曲线上(图 3-43)，选取 Q 点作为我们上面模型适用的起始点，并假设 $(\mathrm{d}\sigma_0/\mathrm{d}\varepsilon)_Q$ 等于 E_0。然后，假设试样名义应力-应变曲线上 Q 以前的部分，试样为具有初始弹性模量 E_0 的线弹性性质，后面我们将会表明这个近似是合理的。于

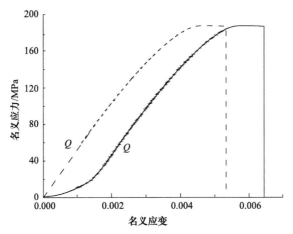

图 3-43　花岗岩试样 1 名义应力-应变曲线[49,50]。图中实线为试验测得的原始的名义应力-应变曲线，虚线为经过延拓和平移处理后的试样名义应力-应变曲线

是，我们可以将试样的名义应力-应变曲线从 Q 开始进行反向延拓处理，得到其 Q 点以前的线段，并将其水平平移到坐标原点。经过这样延拓平移处理后的名义应力-应变曲线如图 3-43 中虚线所示。

再通过最小二乘法，使函数

$$f(m,\eta,E_0) = \sum_i \left(\sigma_i (E_0 \varepsilon_t/\eta) - (\sigma_t/\eta)_i \right)^2 \tag{3-25}$$

取最小值，我们可以拟合出模型中的另外两个参数 θ 和 η。上式中的 σ_t 和 ε_t 分别为经过延拓平移处理后的名义应力和应变，σ_i 为拟合得到的模型的名义应力(见表达式(3-23))。

通过上面的处理方法，我们就可以得到模型的三个参数 θ，η 和 E_0。结合式(3-19)，可以做出拟合后的模型名义应力-应变关系曲线。图 3-44 示出了拟合前后的名义应力-应变关系曲线，图中虚线为拟合后所得的模型的名义应力-应变关系曲线，实线为拟合前的试样的名义应力-应变关系曲线。可以看出，试样在 Q 点的损伤分数 $D_Q = 0.004$ 远小于其最大应力点的损伤分数 $D_{\sigma_{max}} = 0.216$。所以，试样名义应力-应变曲线上 Q 点以前的损伤对模型参数的拟合的影响非常小，可以忽略不计。其他试样的拟合参数示于表 3-1。

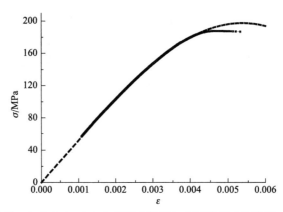

图 3-44 花岗岩试样 1 名义应力-应变曲线拟合结果与实际结果比较[49,50]。图中，实线为经过平移处理后的名义应力-应变曲线，虚线为最小二乘法拟合结果

表 3-1 试验拟合的模型参数，局部化区尺度及灾变破坏应变预测值[49,50]

试样编号	花岗岩 1	花岗岩 2	花岗岩 3	花岗岩 4	花岗岩 5
模型参数	$E_0 = 52.5\text{GPa}$ $\eta = 459\text{MPa}$ $\theta = 3.9$	$E_0 = 44.5\text{GPa}$ $\eta = 356\text{MPa}$ $\theta = 5.5$	$E_0 = 58.3\text{GPa}$ $\eta = 204\text{MPa}$ $\theta = 2.2$	$E_0 = 90.5\text{GPa}$ $\eta = 490\text{MPa}$ $\theta = 2.6$	$E_0 = 52.5\text{GPa}$ $\eta = 425\text{MPa}$ $\theta = 2.7$
试验机刚度 /(kN/mm)	$k_{\text{machine}} = 214.835$	$k_{\text{machine}} = 245.064$	$k_{\text{machine}} = 204.417$	$k_{\text{machine}} = 212.606$	$k_{\text{machine}} = 210.189$

续表

试样编号	花岗岩 1	花岗岩 2	花岗岩 3	花岗岩 4	花岗岩 5
试验机和非局部化区组合结构刚度值/(kN/mm)	214.724	244.859	204.329	212.539	210.069
局部化区尺度 l_1/mm	6.7	7.1	8.2	6.9	7.9
局部化区尺度 l_1 平均值及其标准差/mm	7.2±0.73				
灾变点应变的实测值 $\varepsilon_{F,m}$	0.00645	0.00850	0.00459	0.00515	0.00655
整体平均场预测结果 $\varepsilon_{F,G}$	0.00810	0.00879	0.00847	0.00661	0.00839
整体平均场预测结果的平均相对偏差	32%				
局部平均场预测结果 $\varepsilon_{F,L}$	0.00674	0.00816	0.00432	0.00606	0.00694
局部平均场预测结果的平均相对偏差	7%				

试样编号	花岗岩 6	花岗岩 7	大理岩 1	大理岩 2
模型参数	$E_0 = 78.5\text{GPa}$ $\eta = 517\text{MPa}$ $\theta = 3.3$	$E_0 = 59.5\text{GPa}$ $\eta = 412\text{MPa}$ $\theta = 3.0$	$E_0 = 41.0\text{GPa}$ $\eta = 280\text{MPa}$ $\theta = 3.8$	$E_0 = 57.2\text{GPa}$ $\eta = 240\text{MPa}$ $\theta = 3.3$
试验机刚度/(kN/mm)	$k_{\text{machine}} = 196.006$	$k_{\text{machine}} = 204.289$	$k_{\text{machine}} = 223.520$	$k_{\text{machine}} = 63.318$
试验机和非局部化区组合结构刚度值/(kN/mm)	195.935	204.181	223.386	63.308

试样编号	花岗岩 6	花岗岩 7	大理岩 1	大理岩 2
局部化区尺度 l_1 /mm	6.3	7.9	6.2	7.5
局部化区尺度 l_1 平均值及其标准差/mm	7.2±0.73			
灾变点应变的实测值 $\varepsilon_{F,m}$	0.00634	0.00636	0.00415	0.00320
整体平均场预测结果 $\varepsilon_{F,G}$	0.00682	0.00694	0.00717	0.00419
整体平均场预测结果的平均相对偏差	32%			
局部平均场预测结果 $\varepsilon_{F,L}$	0.00633	0.00611	0.00448	0.00322
局部平均场预测结果的平均相对偏差	7%			

在非刚性试验机单轴加载下，岩石试样的灾变破坏主要是由于试验机加载系统变形过程中储存弹性能的突然释放驱动试样变形和损伤的进一步发展。在我们的试验中，每个试样加载过程中的试验机的刚度 $k_{machine}$ 值表现出较小差异，它们的值示于表 3-1。

现在我们可以依据整体平均场近似和试验机的刚度来计算试样在灾变点的应变值 $\varepsilon_{F,G}$。基于表达式(3-20)，每个试样在灾变破坏点的应变计算值 $\varepsilon_{F,G}$ 和在试验中的实际测量值 $\varepsilon_{F,m}$ 均列于表 3-1 中。可以看出，与实际灾变点应变 $\varepsilon_{F,m}$ 比较，9 个试样的基于整体平均场的计算结果的平均偏差为 32%。很明显，这么大的偏差在工程上是不可接受的。尤其值得注意的是，所有试样灾变破坏应变的计算值都比实际测量值要大得多，这在实际灾变预报中是很危险的。

所以，基于整体平均场近似的灾变破坏预测，虽然和实际测量的各个试样的灾变破坏应变的分布趋势定性一致，但是定量结果误差太大，实际工程应用也很危险。事实上，正如我们前面分析的一样，在试样发生灾变破坏前，我们观测到了明显的局部化现象。因此，虽然试验机所存储的弹性能的释放驱动岩石试样发生灾变破坏的机理可能是对的，但是此时整体平均场近似已经不再适用了。下面我们将基于上文试验中所确定的各试样局部化区的宽度，引入分区平均场近似，对试样的宏观破坏灾变点应变进行预测。

3.6.2　基于局部平均场对试样力学行为的描述与预测检验

从前文的分析可以看出，单轴加载下的岩石试样在灾变破坏前会出现明显的局部化现象，这导致了初始宏观上大体均匀的样本在灾变破坏前整体平均场近似的失效。根据试验观测，单轴压缩加载下岩石试样的局部化转变点和局部化区的尺度具有样本个性(表 3-1)，这正是试样灾变破坏不确定性的重要原因。灾变破坏时试样可以划分为两个变形和损伤发展完全不同的区域：一个是局部化区，另一个是相对应的非局部化区。最后试样的宏观灾变破坏发生在局部化区域。

在试样发生宏观灾变破坏时，局部化区域的损伤和变形的继续发展不再需要外界输入能量，试验机和非局部化区释放的弹性能就足以使局部化区的变形和损伤的进一步自持发展。

可以将试验机和试样组合简化为图 3-45 所示的机器——弹性场-非局部化区-局部化区分区平均场模型。图中的 1，2 部分分别代表试样的局部化区和非局部化区，不失一般性，这里我们取第 1 部分相应于试验中岩石试样的局部化区，第 2 部分相应于岩石试样的非局部化区，图中的弹簧代表试验中试验机的加载结构，由于对局部化区的实际的力学行为尚缺乏确切的了解，所以，这里近似地采用整体平均场近似下得到的模型参数 θ 和 η 以及试样的初始弹性模量 E_0 和试验机的刚度 $k_{machine}$ 两个常量来进行近似分析[49,50]。

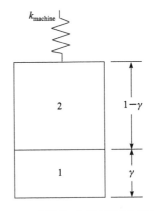

图 3-45　弹性场-非局部化区-局部化区分区平均场模型[49,50]

下面依据参数 θ，η，E_0 和试验机的刚度 $k_{machine}$ 以及基于试验观测得到的局部化区尺度 γ，基于局部平均场近似(图 3-45)来研究试样的灾变破坏。根据式(3-21)，局部化区(第 1 部分)和非局部化区(第 2 部分)两部分的损伤分数分别为

$$D_1 = \int_0^{\varepsilon_1} h(\varepsilon_c)\,\mathrm{d}\varepsilon_c, \quad D_2 = \int_0^{\varepsilon_2} h(\varepsilon_c)\,\mathrm{d}\varepsilon_c \tag{3-26}$$

其中，D_1 为局部化区的损伤分数，D_2 为非局部化区的损伤分数。根据变形几何关系，我们有

$$l\varepsilon = \varepsilon_1 l_1 + \varepsilon_2 l_2 \tag{3-27}$$

其中，l_1 为局部化区的尺度，l_2 为非局部化区的尺度，$l = l_1 + l_2$ 为整个试样的高度，ε 为整个试样的名义应变，ε_1 和 ε_2 分别为局部化区和非局部化区的名义应变。

根据平衡条件，有

$$\sigma_0 = \sigma_1 = E_0\left(1 - D_1\right)\varepsilon_1 = \sigma_2 = E_0\left(1 - D_2\right)\varepsilon_2 \tag{3-28}$$

在这里，灾变破坏发生的条件为：局部化区的力-位移曲线的切线斜率 $\dfrac{E_0 A}{l_1}\dfrac{\mathrm{d}\sigma_1}{\mathrm{d}\varepsilon_1}$ 等于试验机和第 2 部分组成的串联部分的组合刚度的负值 $-\dfrac{1}{1/\left[E_0(1 - D_{\mathrm{F},2})A/l_2\right] + 1/k_{\mathrm{machine}}}$。其中，$A$ 为试验中岩石试样的横截面积。$D_{\mathrm{F},2}$ 为灾变破坏时非局部化区的损伤分数。由应力-应变关系(3-28)有

$$\frac{E_0 A}{l_1}\frac{\mathrm{d}\sigma_1}{\mathrm{d}\varepsilon_1} = \frac{E_0 A}{l_1}\frac{\mathrm{d}\left[\left(1 - D_1\right)\varepsilon_1\right]}{\mathrm{d}\varepsilon_1} \tag{3-29}$$

根据式(3-26)，在灾变破坏时刻局部化区的损伤分数为

$$D_1\left(\varepsilon_1\right) = \int_0^{\varepsilon_{\mathrm{F},1}} h\left(\varepsilon_{\mathrm{c}}\right)\mathrm{d}\varepsilon_{\mathrm{c}} = 1 - \exp\left(-\left(\frac{E_0\varepsilon_{\mathrm{F},1}}{\eta}\right)^{\theta}\right) \tag{3-30}$$

于是，将式(3-29)和(3-30)代入上文给出的灾变破坏发生的条件，在灾变破坏点有

$$\frac{E_0 A}{l_1}\left(\frac{\mathrm{d}\left[\left(1 - D_1\left(\varepsilon_1\right)\right)\varepsilon_1\right]}{\mathrm{d}\varepsilon_1}\right)_{\mathrm{F}} = -\frac{1}{1/\left[E_0\left(1 - D_{\mathrm{F},2}\right)A/l_2\right] + 1/k_{\mathrm{machine}}} \tag{3-31}$$

根据以上分析，我们就可以依据局部化区的尺度计算局部化区在灾变破坏点的应变值。由于非局部化区的损伤分数是未知的，所以整个的计算过程实际上是如下的一个迭代的求解过程：①首先，我们不考虑灾变破坏时非局部化区的弹性恢复，仅根据试验机的刚度，即由式

$$\frac{E_0 A}{l_1}\left(\frac{\mathrm{d}\left[\left(1 - D_1\left(\varepsilon_1\right)\right)\varepsilon_1\right]}{\mathrm{d}\varepsilon_1}\right)_{\mathrm{F}} = -k_{\mathrm{machine}} \tag{3-32}$$

计算局部化区灾变点应变值 $\varepsilon_{\mathrm{F},1}$；②根据 $\varepsilon_{\mathrm{F},1}$ 计算试样发生灾变破坏时的名义应力 σ_0；③再根据平衡条件，即式(3-28)计算非局部化区在灾变破坏点的应变值 $\varepsilon_{\mathrm{F},2}$；④根据 $\varepsilon_{\mathrm{F},2}$ 结合和式(3-26)和试验机的刚度，计算在试样宏观灾变破坏点的

非局部化区与试验机串联结果的组合刚度 $k_合$ 的负值

$$-k_合 = -\cfrac{1}{1/\left[E_0(1-D_{F,2})A/l_2\right]+1/k_{machine}} \tag{3-33}$$

⑤根据式(3-31)计算在试样宏观灾变破坏点的局部化区的应变值 $\varepsilon_{F,1}$；⑥重复②，③，④，⑤步，直到前后两次计算的应变值 $\varepsilon_{F,1}$ 相差很小。由于本文试验中，试验机刚度较小，局部区发生灾变破坏主要是由于试验机贡献的弹性能，非局部化区释放的弹性能影响较小，所以在实际计算中的迭代次很少，计算收敛很快。

得到局部化区灾变破坏点应变值以后，我们就可以通过变形几何关系式(3-27)，计算试样在灾变点的应变值 $\varepsilon_{F,L}$。所有试样基于局部平均场的灾变破坏点应变的预测值 $\varepsilon_{F,L}$ 见表 3-1，下标 F 表示灾变破坏，L 表示局部平均场。可以看出，基于局部平均场预测得到的灾变破坏点应变的预测值 $\varepsilon_{F,L}$ 相对于实际测量值 $\varepsilon_{F,m}$ 的平均相对偏差为 7%，比整体平均场预测结果的平均偏差 32% 小得多。还有一点很重要的是，与整体平均场的预测值比真实的灾变破坏点应变值大得多不同，很多试样的局部平均场的灾变破坏点应变的预测值 $\varepsilon_{F,L}$ 小于实际测量值，因此具有提前预报的效用，所以更有意义。

参 考 文 献

[1] Hao S W, Liu C, Wang Y C, et al. Scaling law of average failure rate and steady-state rate in rocks[J]. Pure Appl Geophys, 2017, 174: 2199-2215.

[2] Xue J, Hao S W, Yang R, et al. Localization of deformation and its effects on power-law singularity preceding catastrophic rupture in rocks[J]. Int J Damage Mech, 2019, 29(1): 86-102.

[3] Hao S W, Rong F, Lu M F, et al. Power-law singularity as a possible catastrophe warning observed in rock experiments[J]. Int J Rock Mech Min Sci, 2013, 60: 253-262.

[4] Hao S W, Yang H, Elsworth D. An accelerating precursor to predict "time-to-failure" in creep and volcanic eruptions[J]. J Volcanol Geotherm Res, 2017, 343: 252-262.

[5] Heap M J, Baud P, Meredith P G, et al. Time-dependent brittle creep in Darley Dale sandstone[J]. J Geophys Res, 2009, 114: B07203.

[6] Heap M J, Baud P, Meredith P, et al. Brittle creep in basalt and its application to time-dependent volcano deformation[J]. Earth Planet Sci Lett, 2011, 307(1-2): 71-82.

[7] Scholz C. Mechanism of creep in brittle rock[J]. J Geophys Res, 1968, 73(10): 3295-3302.

[8] Du Z Z, McMeeking R M. Creep models for metal matrix composites with long brittle fibers[J]. J Mech Phys Solids, 1995, 43: 701-726.

[9] Singh D P. A Study of creep of rocks[J]. Int J Rock Mech Min Sci Geomech Abstr, 1975, 12: 271-276.

[10] Lockner D A. Room temperature creep in saturated granite[J]. J Geophys Res, 1993, 98: 475-487.

[11] Benioff H. Earthquake and rock creep[J]. Bull Seismol Geol Soc Am, 1951, 41(1): 31-62.

[12] Lienkaemper J J, Galehouse J S, Simpson R W. Creep response of the hayward fault to stress changes caused by the loma prieta earthquake[J]. Science, 1997, 276: 2014-2016.

[13] Hao S W, Zhang B J, Tian J F, et al. Predicting time-to-failure in rock extrapolated from secondary creep[J]. J Geophy Res Solid Earth, 2014, 119: 1942-1953.

[14] 王影冲, 王鼎, 郝圣旺. 混凝土蠕变与应力松弛耦合破坏及临界幂律行为[J]. 工程力学, 2016, 33(增刊): 49-55.

[15] 刘超. 岩石类脆性材料参数估计及标度律特征研究[D]. 秦皇岛: 燕山大学, 2016.

[16] Parsons T, Toda S, Stein R S, et al. Heightened odds of large earthquakes near Istanbul: An interaction-based probability calculation[J]. Science, 2000, 288: 661-665.

[17] Parsons T. A hypothesis for delayed dynamic earthquake triggering[J]. Geophys Res Lett, 2005, 32: L04302.

[18] King G C P, Stein R S, Lin J. Static stress changes and the triggering of earthquakes[J]. Bull Seismol Soc Am, 1994, 84: 935-953.

[19] Harris R A, Simpson R W, Reasenberg P A. Influence of static stress changes on earthquake locations in southern California[J]. Nature, 1995, 375: 221-224.

[20] Parsons T. Global Omori law decay of triggered earthquakes: Large aftershocks outside the classical aftershock zone[J]. J Geophys Res, 2002, 107.

[21] Lin J, Stein R S. Stress triggering in thrust and subduction earthquakes and stress interaction between the southern San Andreas and nearby thrust and strike-slip faults[J]. J Geophys Res, 2004, 109: B02303.

[22] Brodsky E E, Karakostas V, Kanamori H. A new observation of dynamically triggered regional seismicity: Earthquakes in Greece following the August, 1999 Izmit, Turkey earthquake[J]. Geophys Res Lett, 2000, 27: 2741-2744.

[23] Gomberg J, Bodin P, Larson K, et al. Earthquake nucleation by transient deformations caused by the $M = 7.9$ Denali, Alaska, earthquake[J]. Nature, 2004, 427: 621-624.

[24] Pankow K L, Arabasz W J, Pechmann J C, et al. Triggered seismicity in Utah from the November 3, 2002, Denali Fault earthquake[J]. Bull Seismol Soc Am, 2004, 94: S332-S347.

[25] Prejean S G, Hill D P, Brodsky E E, et al. Remotely triggered seismicity on the United States West Coast following the M_w 7.9 Denali Fault earthquake[J]. Bull Seismol Soc Am, 2004, 94: S348-S359.

[26] Husen S, Wiemer S, Smith R B. Remotely triggered seismicity in the Yellowstone National Park region by the 2002 $M_w = 7.9$ Denali Fault Earthquake, Alaska[J]. Bull Seismol Soc Am, 2004, 94: S317-S331.

[27] Hill D P. Dynamic stresses, Coulomb failure, and remote triggering[J]. Bull Seismol Soc Am, 2008, 98: 66-92.

[28] Velasco A A, Hernandez S, Parsons T, et al. Global ubiquity of dynamic earthquake triggering[J]. Nat Geosci, 2008, 1: 375-379.

[29] Freed A M. Earthquake triggering by static, dynamic, and postseismic stress transfer[J]. Annu Rev Earth Planet Sci, 2005, 33: 335-367.

[30] Richards P G. Dynamic motions near an earthquake fault: a three dimensional solution[J]. Bull

Seism Soc Am, 1976, 66(1): 1-32.

[31] Reid H F. Mechanics of the earthquake[R] //The California Earthquake of April 18, 1906: Report of the State Earthquake Investigation Commission. Vol.2, Carnegie Inst. of Washington, D.C., 1910.

[32] Turcotte D L, Shcherbakov R. Can damage mechanics explain temporal scaling laws in brittle fracture and seismicity?[J]. Pure Appl Geophys, 2006, 163: 1031-1045.

[33] Aifantis E C, Gerberich W W. A theoretical review of stress relaxation testing[J]. Mater Sci Eng, 1975, 21: 107-1137.

[34] Lloyd D J, Worthington P J, Embury J D. Dislocation dynamics in the copper-tin system[J]. Phil Mag, 1970, 22: 1147-1160.

[35] Sinha N K, Sinha S. Stress relaxation at high temperatures and the role of delayed elasticity[J]. Mat Sci Eng A, 2005, 393: 179-341.

[36] Stein S, Liu M. Long aftershock sequences within continents and implications for earthquake hazard assessment[J]. Nature, 2009, 462: 87-89.

[37] Hao S W, Zhang B J, Tian J F, et al. Predicting time-to-failure in rock extrapolated from secondary creep[J]. J Geophys Res Solid Earth, 2014, 119: 1942-1953.

[38] Wang Y C, Zhang B J, Hao S W. Time-dependent brittle creep-relaxation failure in concrete[J]. Mag Concrete Res, 2016, 68(13): 692-700.

[39] Wan, Y C, Zhou N, Chang F Q, et al. Brittle creep failure, critical behavior, and time-to-failure prediction of concrete under uniaxial compression[J]. Adv Mater Sci Eng, 2015, 2015: 101035.

[40] Charles R. The static fatigue of glass[J]. J Appl Phys, 1958, 29: 1549-1560.

[41] Atkinson B K. Subcritical crack growth in geological materials[J]. J Geophys Res, 1984, 89: 4077-4114.

[42] Atkinson B, Meredith P. The Theory of Subcritical Crack Growth with Applications to Minerals and Rocks[M]. New York: Fracture Mechanics of Rocks. Academic Press, 1987: 111-166.

[43] Amitrano D, Helmstetter A. Brittle creep, damage and time to failure in rocks[J]. J geophys Res, 2006, 111: 1-17, B11201.

[44] Cruden D. The static fatigue of brittle rock under uniaxial compression[J]. Int J Rock Mech Min Sci Geomech Abstr, 1974, 11: 67-73.

[45] Kranz R. The effect of confining pressure and difference stress on static fatigue of granite[J]. J Geophys Res, 1980, 85: 1854-1866.

[46] Scholz C. Static fatigue of quartz[J]. J Geophys Res, 1972, 77: 2104-2114.

[47] Wiederhorn S M, Bolz L H. Stress corrosion and static fatigue of glass[J]. J Am Ceram Soc, 1970, 50: 543-548.

[48] Das S, Scholz C. Theory of time-dependent rupture in the Earth[J]. J Geophys Res, 1981, 86: 6039-6051.

[49] 郝圣旺. 非均匀介质的变形局部化、灾变破坏及临界奇异性[D]. 北京: 中国科学院研究生院，2007.

[50] Hao S W, Wang H Y, Xia M F, et al. Relationship between strain localization and catastrophic rupture[J]. Theor Appl Fract Mech, 2007, 48: 41-49.

[51] Zhang H, Huang G Y, Song H P, et al. Experimental characterization of strain localization in rock[J]. Geophys J Int, 2013, 194: 1554-1558.

[52] Hao S W, Xia M F, Ke F J, et al. Evolution of localized damage zone in heterogeneous media[J]. Int J Damage Mec, 2010, 19(7): 787-804.

[53] Moran P. The interpretation of statistical maps[J]. J R Stat Soc, 1948, 10B: 243-251.

[54] Hao S W, Li H J, Gao B F, et al. A trans-scale spatial autocorrelation method for determination of high-strain field accumulation[J]. Int J Innov Comput I, 2009, 5(9): 2711-2716.

[55] Hao S W, Wang P, Hu Y D, et al. Localization pattern evolution of rock under uniaxial compression experiments[C]. The 24th International Congress of Theoretical and Applied Mechanics (ICTAM), 21-26 August, 2016, Montreal, Canada.

[56] Hao S W, Wang G W, Wang B. Crack Pattern Evolution and Complexity of Brittle Failure of Rock[C]. International Conference on Advances in Materials & Manufacturing Processes (Shenzhen, China, November6-8, 2010). 2011, 150-151: 76-79.

[57] Bai Y L, Xia M F, Ke F J. Statistical Meso-mechanics of Damage and Failure: How Microdamage Induces Disaster[M]. Beijing; Singapore: Science Press, LNM, Springer, 2019.

[58] 夏蒙棻, 韩闻生, 柯孚久, 等. 统计细观损伤力学和损伤演化诱致灾变(I)[J]. 力学进展, 1995, 25(1): 1-38.

[59] 夏蒙棻, 韩闻生, 柯孚久, 等. 统计细观损伤力学和损伤演化诱致灾变(II)[J]. 力学进展, 1995, 25(2): 145-173.

[60] Xia M F, Ke F J, Wei Y J, et al. Evolution induced catastrophe in a nonlinear dynamical model of materials failures[J]. Nonlinear Dyn, 2000, 22: 205-224.

[61] Bai Y L, Hao S W. Elastic and Statistical Brittle (ESB) model, Damage Localization and Catastrophic Rupture[C] //Li A, Sih G, Nied H, et al. Proc Int Conf Health Monitoring of Structure, Material and Environment. Nanjing: Southeast University Press, 2007: 1-5.

[62] 冯西桥, 余寿文. 准脆性材料细观损伤力学[M]. 北京: 高等教育出版社, 2002.

[63] Krajcinovic D, Rinaldi A. Statistical damage mechanics-Part I : theory[J]. J Appl Mech, 2005, 72: 76-85.

[64] Krajcinovic D, Silva M A G. Statistical aspects of the continuous damage theory[J]. Int J Solids Struct, 1982, 18: 551-562.

[65] Kachanov L M. On the time to failure under creep conditions[J]. Izv Akad Nauk SSSR, Otd Tekh Nauk, Metall Topl, 1958, 8: 26-31.

[66] Lemaitre J, Chaboche J L. Mecanique des Materiaux Solides[M], Paris: Dunod, 1985.

第4章 灾变破坏临灾幂律奇异性前兆趋势

4.1 临界幂律奇异性加速前兆的理论基础

4.1.1 响应函数与奇异性前兆

由灾变破坏的能量准则与驱动响应原理已知，突发性自持灾变破坏的一个关键特征是在灾变破坏点无需外界能量的输入，系统内部能量释放即可驱动损伤或变形的进一步发展，从而驱动量 λ 一个无穷小增量会导致响应量 R 的有限增量。因此，灾变破坏的临界条件可以表示为[1-3]

$$\lim_{\lambda \to \lambda_f} \frac{\mathrm{d}R}{\mathrm{d}\lambda} \to \infty \tag{4-1}$$

因此，在灾变破坏点，响应量相对于控制量的变化率呈现出奇异性特征。前面章节的试验和实地监测结果表明，响应函数通常连续地演化趋近于灾变破坏点。也就是说响应函数趋近于灾变破坏点，是一个连续过程。

该连续过程决定于响应量-控制量曲线趋向灾变破坏的特征。在灾变破坏点 λ_f 时，由式(4-1)有

$$\left. \frac{\mathrm{d}\lambda}{\mathrm{d}R} \right|_f = 0 \tag{4-2}$$

这是一阶情况。当其更高阶微分也等于 0，如 $\left. \dfrac{\mathrm{d}^2\lambda}{\mathrm{d}^2 R} \right|_f = 0$，$\cdots$，$\left. \dfrac{\mathrm{d}^{n-1}\lambda}{\mathrm{d}^{n-1} R} \right|_f = 0$，直到 n 阶才在灾变破坏点不趋于 0 时，

$$\left. \frac{\mathrm{d}^n\lambda}{\mathrm{d}^n R} \right|_f \neq 0 \tag{4-3}$$

在灾变破坏点附近领域内，忽略高阶项后，控制量与响应量的关系可以近似表示为[3]

$$\lambda = \lambda_f + B(R_f - R)^n \tag{4-4}$$

如此，则可以进一步得出

$$\frac{\mathrm{d}R}{\mathrm{d}\lambda} \sim (\lambda_f - \lambda)^{\frac{1}{n}-1} \tag{4-5}$$

从而，响应函数 $\mathrm{d}R/\mathrm{d}\lambda$ 在趋向于灾变破坏邻域内的加速过程与 $(\lambda_{\mathrm{f}}-\lambda)$ 具有幂律关系，在灾变破坏点奇异性发生的幂律奇异性指数为

$$\beta = \frac{1}{n} - 1 \tag{4-6}$$

很显然，n 的值决定于在灾变破坏点控制量相对于响应量变化的多少阶导数趋于 0，也就是灾变破坏的阶数[1,3]。

4.1.2 幂律奇异性前兆的理论结果

在单轴加载下，竖向应力-应变关系可以表示为

$$\sigma = \sigma(\varepsilon) \tag{4-7}$$

对于图 2-1 所示的弹性场-非均匀损伤体系统模型，边界位移

$$\varepsilon_0 = \varepsilon + \varepsilon_{\mathrm{e}} \tag{4-8}$$

式中，$\varepsilon_0 = U/l$ 和 $\varepsilon_{\mathrm{e}} = u_{\mathrm{e}}/l$ 分别代表用试样高度 l 归一化后的边界位移和弹性场变形。进一步地，将式(4-7)和归一化后的弹性场刚度 $k = k_{\mathrm{e}}l/A$ 代入式(4-8)，有

$$\varepsilon_0 = \varepsilon + \frac{\sigma}{k} \tag{4-9}$$

其中，A 为试样横截面面积。根据第 2 章导出的灾变破坏的能量准则和驱动响应原理，控制边界位移单调加载时，在灾变破坏点有[4]

$$\left.\frac{\mathrm{d}\varepsilon}{\mathrm{d}\varepsilon_0}\right|_{\mathrm{f}} \to \infty, \quad \text{或} \quad \left.\frac{\mathrm{d}\varepsilon_0}{\mathrm{d}\varepsilon}\right|_{\mathrm{f}} = 0 \tag{4-10}$$

如果

$$\left.\frac{\mathrm{d}^n \varepsilon_0}{\mathrm{d}\varepsilon^n}\right|_{\mathrm{f}} \neq 0, \quad \text{同时} \quad \left.\frac{\mathrm{d}^r \varepsilon_0}{\mathrm{d}\varepsilon^r}\right|_{\mathrm{f}} \neq 0, \quad r < n \tag{4-11}$$

忽略高阶项后，在灾变破坏时点临域内有

$$\varepsilon_0 = \varepsilon_{0\mathrm{f}} + \left.\frac{\mathrm{d}^n \varepsilon_0}{\mathrm{d}\varepsilon^n}\right|_{\mathrm{f}} (\varepsilon_{\mathrm{f}} - \varepsilon)^n \tag{4-12}$$

即有

$$(\varepsilon_{0\mathrm{f}} - \varepsilon_0)^{\frac{1}{n}} = -\left.\frac{\mathrm{d}^n \varepsilon_0}{\mathrm{d}\varepsilon^n}\right|_{\mathrm{f}} (\varepsilon_{\mathrm{f}} - \varepsilon) \tag{4-13}$$

由此可以得出

$$\frac{\mathrm{d}\varepsilon}{\mathrm{d}\varepsilon_0} \sim (\varepsilon_{0\mathrm{f}} - \varepsilon_0)^{\frac{1}{n}-1} \tag{4-14}$$

对于控制力单调增加的情况，灾变破坏发生在名义应力 σ 的最大值点。则此时，在灾变破坏点有

$$\left.\frac{\mathrm{d}\sigma}{\mathrm{d}\varepsilon}\right|_{\mathrm{f}} = 0 \quad \text{或} \quad \left.\frac{\mathrm{d}\varepsilon}{\mathrm{d}\sigma}\right|_{\mathrm{f}} \to \infty \tag{4-15}$$

基于整体平均场近似，考虑损伤的本构关系(4-7)可以写为

$$\sigma = \left(1 - D(\varepsilon)\right)\varepsilon \tag{4-16}$$

当损伤可以用 Weibull 分布或均匀分布描述时，在力控制加载时的灾变破坏点

$$\left.\frac{\mathrm{d}^2\sigma}{\mathrm{d}\varepsilon^2}\right|_{\mathrm{f}} \neq 0 \tag{4-17}$$

则趋近于灾变破坏点时，响应函数

$$\frac{\mathrm{d}\varepsilon}{\mathrm{d}\sigma} \sim (\sigma_{\mathrm{f}} - \sigma)^{-\frac{1}{2}} \tag{4-18}$$

因此，无论是控制边界位移加载，还是控制力的加载模式，由损伤体应变或变形定义的响应函数在趋向于灾变破坏点时，均呈现出式(4-4)所表示的幂律奇异性前兆加速过程。按照类似推导，同样可以得出按损伤体损伤分数定义的响应函数，也具有类似的幂律奇异性前兆加速过程。对于控制边界位移加载

$$\frac{\mathrm{d}D}{\mathrm{d}\varepsilon_0} \sim \left(\varepsilon_{0\mathrm{f}} - \varepsilon_0\right)^{\frac{1}{n}-1} \tag{4-19}$$

控制边界名义应力加载时，有[5]

$$\frac{\mathrm{d}D}{\mathrm{d}\sigma} \sim (\sigma_{\mathrm{f}} - \sigma)^{-\frac{1}{2}} \tag{4-20}$$

4.1.3　幂律奇异性前兆的数值计算结果

基于弹性场-弹脆性损坏模型[1,6]，由整体平均场近似，将单元强度阈值 Weibull 分布代入，联立求解方程(4-16)、(4-9)，进行数值计算可以得到控制边界位移单调增加的加载条件下的损伤体变形和应力响应[6-8]，据此可以计算响应函数 $\Delta\varepsilon / \Delta\varepsilon_0$ 和 $\Delta D / \Delta\varepsilon_0$。类似的计算方式，同样可以计算出控制边界名义应力 σ 加载时的响应函数 $\Delta\varepsilon / \Delta\sigma$ 和 $\Delta D / \Delta\sigma$。这里的损伤分数 D 相当于实际监测中的损坏事件数，如实验室试验和实地监测中的声发射事件、地震事件等。

图 4-1 和图 4-2 给出了控制边界位移加载时刚度不同的三个代表性算例结果[9]。可以看出，算例中响应量在趋向灾变破坏点时，呈现出明显的加速过程。由应变和损伤响应定义的响应函数 $\Delta\varepsilon / \Delta\varepsilon_0$ 和 $\Delta D / \Delta\varepsilon_0$ 的双对数图，在趋向于灾

变破坏点的邻域内都呈现出较好的线性趋势，表明两个响应函数均有着明显的幂律奇异性前兆加速过程。图 4-3 为控制边界名义力加载时，响应函数 $\Delta\varepsilon/\Delta\sigma$ 和 $\Delta D/\Delta\sigma$ 演化的双对数图，临近灾变破坏时刻的线性段同样显示出两个响应函数的良好幂律奇异性前兆特征。

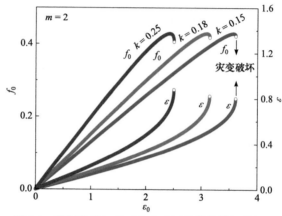

图 4-1　控制位移加载时灾变破坏的数值模拟结果[8]

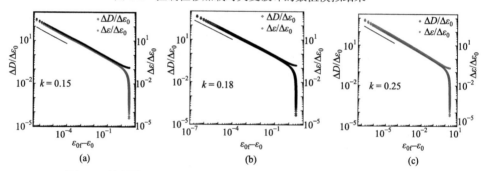

图 4-2　控制位移加载时响应函数趋向灾变破坏时的幂律奇异性前兆[9]

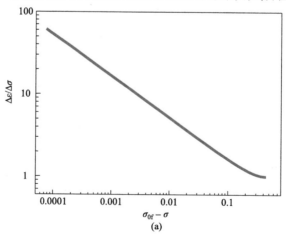

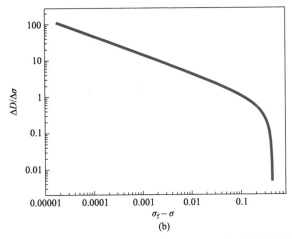

图 4-3　控制力加载时的响应函数的幂律奇异性前兆过程[10]

4.2　幂律奇异性前兆的试验与实地监测结果

4.2.1　控制边界位移单调加载时的前兆幂律加速过程

控制位移单调增加的加载方式中，其控制量为机器行走的位移 U，在试验中比较容易直接测量的响应量为试样的变形 u。其中及其行走的位移 U 是试样变形 u 和加载系统变形两者的和。

在监测得到整个加载过程中控制量 U 和试样整体总变形量 u 的时程曲线后，可以计算得到试样变形响应 u 相对于控制量 U 的变化率[2-4,7,8]

$$R_u = \mathrm{d}u/\mathrm{d}U \tag{4-21}$$

图 4-4(a)示出了 10 个岩石试样的力 $P/P_{\max}$ 和控制变量(位移)U/U_{F} 的关系曲线，以及各试样相应的响应函数 $R_u = \mathrm{d}u/\mathrm{d}U$ 与控制变量 U/U_{F} 的关系曲线。其中，下标"max"和"F"分别表示各量在最大载荷点和灾变破坏点的值。可以看出，所有样本的响应函数 $R_u = \mathrm{d}u/\mathrm{d}U$ 趋向于灾变破坏时，均显示出快速上升加速过程。

为了更清楚地认识响应函数的这种快速上升的特点，图 4-4(b)中示出了图 4-4(a)中 5 个试样的响应函数 $R_u = \mathrm{d}u/\mathrm{d}U$ 与控制变量 $1-U/U_{\mathrm{F}}$ 之间的双对数关系图。可以看出，双对数关系曲线的左边部分，即靠近灾变破坏点时，各试样响应函数的数据点整体上呈现线性特征。从而，可以将临近灾变破坏时响应函数的快速上升的特征描述成一种幂律关系

$$R_u = \mathrm{d}u/\mathrm{d}U \sim \left(1 - U/U_{\mathrm{F}}\right)^{\beta_u} \tag{4-22}$$

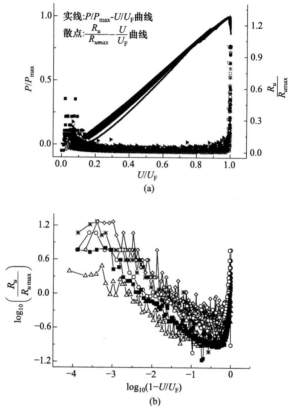

图 4-4 控制位移单调加载下响应函数演化特征[2,8]。(a)实线表示 P/P_{max}-U/U_F 曲线，

符号(○，◇，*，…)代表 10 个试样的响应函数 $\dfrac{R_u}{R_{u\max}}$；(b)响应函数 $\dfrac{R_u}{R_{u\max}}$

与$(1-U/U_F)$的双对数关系

同时，我们可以采用 $R_u \sim (1-U/U_F)^{\beta_u}$ 的形式对试验数据进行拟合来确定幂指数 β_u 的值。从图 4-4(b)可以看出，必须在灾变破坏点附近拟合才是有效的，这也与只有在灾变破坏点附近邻域才具有临界特征相吻合。

根据试验数据的特点，我们可以得到一个较好的拟合幂指数 β_u 的值区间，即 $0.96U_F \sim U_F$。该范围相对应于从 $U/U_F = 0.96$ (或 $\log_{10}(1-U/U_F) \approx -1.4$) 到灾变破坏点的整个区间。由于在灾变破坏点处有 $1-U/U_F = 0$，所以双对数图中不能画出灾变破坏点的数据。为了对最后的拟合效果给出一个更清晰的印象，图 4-5 给出了图 4-4(b)中的 3 个样本的最小二乘法的拟合结果，其拟合最大误差不到 10%。从图中可以清楚地看出，在灾变破坏前(从 $\log_{10}(1-U/U_F) \approx -1.4$ 到灾变破坏点)响应函数 R_u 确实具有幂律关系 $R_u = \mathrm{d}u/\mathrm{d}U \sim (1-U/U_F)^{\beta_u}$，幂指数 $\beta_u = -0.65$，-0.59，-0.48，误差不大于 ± 0.03。

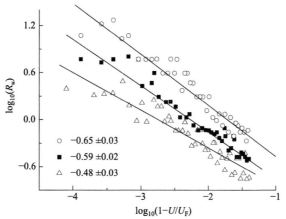

图 4-5　三个样本(图 4-4(b))响应函数临界幂指数 β_u 拟合的结果[2,8]

符号(○，△，■)分别代表 3 个试样的响应函数 R_u，实线为相应的拟合结果。可以清楚地看出灾变破坏前(从 $\log_{10}(1-U/U_F) \approx -1.4$ 到灾变破坏点)的幂率关系 $R_u = \mathrm{d}u/\mathrm{d}U \sim (1-U/U_F)^{\beta_u}$

4.2.2　脆性蠕变破坏的前兆幂律加速过程

在脆性蠕变破坏试验[9-13]中，变形响应率定义为 $\mathrm{d}u/\mathrm{d}t$。图 4-6 给出的是花岗岩脆性蠕变破坏的典型演化过程曲线，可以看出，基于试样整体变形量定义的

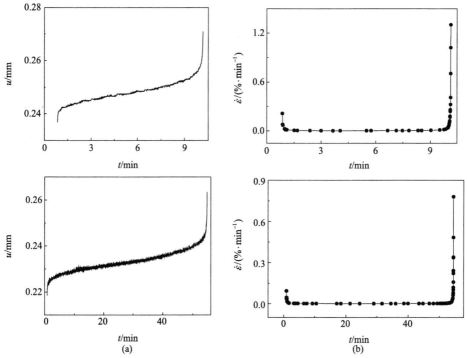

图 4-6　两个花岗岩试样脆性蠕变破坏及应变率演化过程[12,13]

应变 $\varepsilon=u/l$ 在趋向灾变破坏点的明显加速过程，这里的 l 代表试样沿加载方向的高度。在滑坡等实地测量中[14-16]，也监测到了类似的脆性蠕变破坏过程。应变率 $\dot\varepsilon=\mathrm{d}\varepsilon/\mathrm{d}t$ 趋向灾变破坏时刻的明显加速上升过程，表明该过程中应变率及其加速度均呈非线性加速上升。

在应变率与距离灾变破坏时点的时间 $(t_\mathrm{f}-t_0)$ 的双对数图 4-7 中，临近破坏时 $\mathrm{d}\varepsilon/\mathrm{d}t$ 与 $(t_\mathrm{f}-t_0)$ 的线性趋势表明应变率的加速过程呈现出幂律奇异性特征[9-13]

$$\mathrm{d}u/\mathrm{d}t=k\left(t_\mathrm{f}-t\right)^{-\beta} \tag{4-23}$$

其中，幂指数接近于 1.0。在砂岩等其他非均匀脆性材料的蠕变破坏试验[17-20]中，同样监测到了相同的幂律奇异性加速前兆过程。

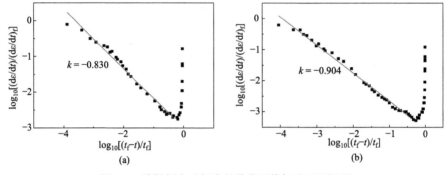

图 4-7 脆性蠕变破坏中的前兆幂律加速过程[12,13]

4.2.3 脆性蠕变应力松弛破坏的前兆幂律加速过程

在脆性蠕变应力松弛破坏过程中，有应力和变形两个响应量。两个量的演变率如图 4-8 所示。趋向灾变破坏点时，应力松弛率和变形率均加速发展。由双对

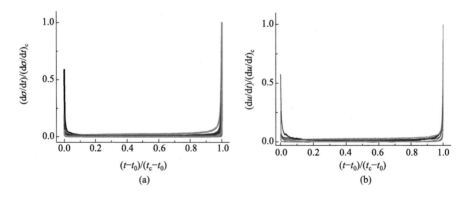

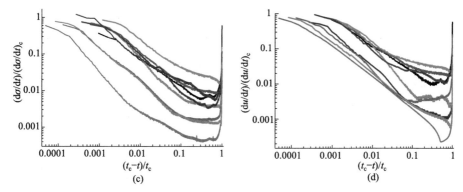

图 4-8　脆性蠕变应力松弛率与变形率演化过程及临灾幂律加速前兆[21]

数图(4-8(c)、(d))在临近灾变破坏附近的近似线性过程，表明了前兆加速趋势的幂律特征[21-23]。

由上面的结果，三种典型加载驱动过程，响应量演变率在趋向灾变破坏点时均呈现出前兆加速过程，该加速过程可以表示为临近灾变破坏时间的幂律关联。图 4-9 给出的是火山喷发和滑坡事件中实地测量的数据。可以看出，在这些灾变破坏发生前，测量弧度演变率、表面位移改变率、地震能量释放率等呈现出幂律加速前兆。

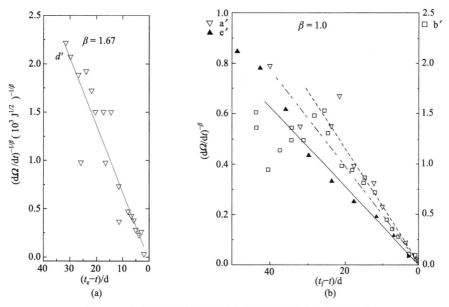

图 4-9　火山喷发和滑坡事件中实地监测前兆幂律特征[5]

(a)火山喷发数据[24]；(b)火山和滑坡幂律前兆数据[24,25]，a'：1982 年，美国圣海伦斯火山(Mount St Helens)，长度改变量；b'和 e'：1963 年 10 月 9 号，意大利托克山(Monte Toc)滑坡幂律前兆，b'为弧度变化，e'为表面位移变化

4.3　加速破坏演变率及其加速度的近似前兆关系

4.3.1　近似前兆关系的数学表达与特征

Voight 等[24-26]给出了一个响应量演变率加速过程的经验描述：

$$\ddot{\Omega}\,\dot{\Omega}^{-\alpha} = A \tag{4-24}$$

其中，Ω 代表变形、声发射事件等监测响应量，$\dot{\Omega}$ 和 $\ddot{\Omega}$ 是响应量 Ω 对时间的一阶和二阶导数，即演变率和对应加速度。该 Voight 前兆关系式(4-24)在地震能量释放率、地表变形和地震事件发生率等实地监测[24-32]中得到了广泛验证，火山[24,26,27,33-36]、滑坡[37-40]和实验室试验结果[41-45]均表明了前兆关系式预测破坏时间的有效性。

对照式(4-23)和(4-24)，经过一个一般性的解析推导[5]，可以得到式(4-24)中的参数 α 和 A 与幂律奇异性关系式(4-23)中的 k 和 β 的关系为[25,46,47]

$$k = [A\,(\alpha-1)]^{1/(1-\alpha)} \tag{4-25}$$

和

$$\beta = 1/(\alpha-1) \tag{4-26}$$

图 4-10 给出的是脆性蠕变破坏试样应变率和应变加速度演变特征。图 4-10(b)给出的是临近破坏时应变加速度与应变率之间的双对数图，这个试样的曲线均表现出较好的线性关系，正好与经验描述(4-24)吻合。线性关系的斜率即为指数 α 的值，在本试验中 $\alpha=2$(图 4-10(a))，而对应的 $\beta=1$(图 4-10(b))，与式(4-26)一致。

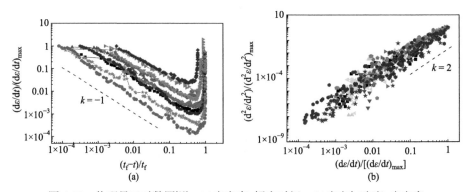

图 4-10　物理量双对数图[10]。(a)应变率-蠕变时间；(b)应变加速度-应变率

虽然在脆性蠕变破坏试验中设计了不同的应力加载水平，但在接近破坏时间时，双对数图上的数据点全部呈现出线性演化趋势，且幂指数一致。

4.3.2 加速破坏演变率及其加速度前兆趋势的时间区间

需要指出的是，上述的幂律加速关系只有在临近破坏时才会满足。在离破坏时间较远的数据中，如图 4-11 所示，应变率及其加速度关系曲线明显地偏离了线性关系[48]。这就说明并非整个加速度阶段都满足幂律关系式(4-24)。图 4-11 中，虚线是应变加速度为零的线，其上即为整个加速过程的数据特征。从这个图中可以看出，整个过程可以大致分为两个阶段，即虚线下面二阶导数小于零的蓝色实心方块数据点部分和虚线上部二阶导数大于零的红色空心三角形数据点部分。

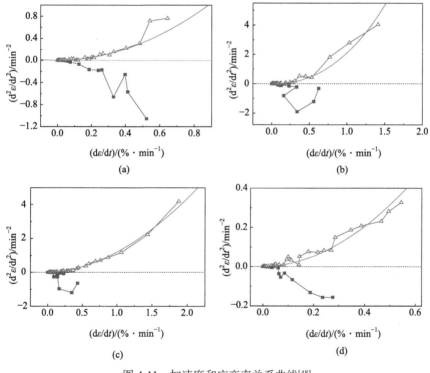

图 4-11　加速度和应变率关系曲线[48]

图 4-12 中红色三角形散点为临近破坏时应变率及其加速度试验数据的双对数图，绿色直线为双对数上拟合得到的线性关系。图中也给出了拟合得到的幂律关系表达式。该拟合结果对应的曲线，即为在图 4-11 中对应的绿色曲线。可以看出，试验结果表明只有在临近破坏时才与该幂律曲线吻合较好。

为进一步说明该问题，图 4-13 给出了幂律奇异性关系(4-23)的对应验证特征。图中散点是加速过程的试验数据点，蓝色曲线为根据图 4-12 中拟合得到的参数值，由幂律关系式(4-23)做出的 $(\mathrm{d}\varepsilon/\mathrm{d}t)^{-1/\beta}$ 与时间的关系曲线。更进一步地证明

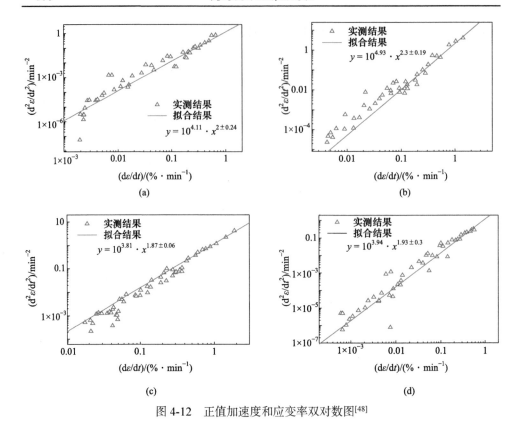

图 4-12　正值加速度和应变率双对数图[48]

了只有临近破坏时的加速过程才很好地满足幂律奇异性关系，数据点左边的远处部分明显偏离了蓝线的幂律关系。

　　由此出发，我们尝试基于临界幂律奇异性特征来探索对整个加速过程的数学描述。我们研究结果表明，整个应变加速增长阶段可以用以下的函数关系来描述[48]

$$\frac{d\varepsilon}{dt} = A \exp[-(t_f - t)](t_f - t)^{-\beta} \tag{4-27}$$

重新整理得到[48]

$$\left(\frac{d\varepsilon}{dt}\right)^{-1/\beta} = A^{-1/\beta}\left[\exp\frac{1}{\beta}(t_f - t)\right](t_f - t) \tag{4-28}$$

　　这表明在整个加速过程的早期阶段，应变率主要与时间呈指数关系，即应变率更倾向于指数函数的形式增加；接近破坏时间的应变率的增长才呈现出临界幂律行为。因此，只有最后的接近破坏时间的应变率数据可以用表达式(4-23)的临界幂律奇异性来描述。

　　图 4-14 中红色虚直线表示基于幂律关系式(4-23)的拟合结果。此关系式中 $(d\varepsilon/dt)^{-1/\beta}$ 和时间之间是一种线性关系，从图中可以很直观地看出，加速阶段的

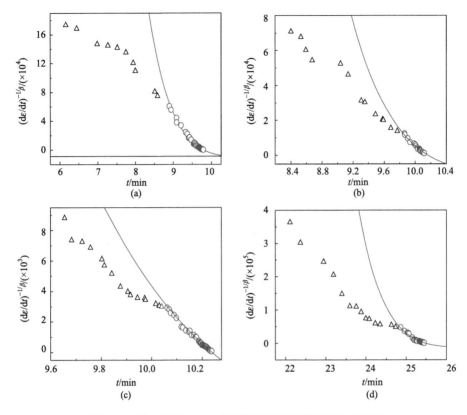

图 4-13　第三阶段 $(d\varepsilon/dt)^{-1/\beta}$ 随时间演化数据及拟合曲线[48]

早期部分的数据显然偏离了式(4-23)所描述的线性趋势,说明应变率不是以幂律形式增长,而只有临近破坏时间的数据点符合线性趋势,但是整个加速阶段的所有数据可以很好地用方程(4-27)和(4-28)描述,如图中蓝色实线和洋红色实线所示,说明应变加速增长过程呈现两个典型阶段。红色虚直线和洋红色实线线性重合的部分即为满足临界幂律行为的数据点,只有这些前兆信号中包含基于幂律奇异性关系进行预测的关键信息。

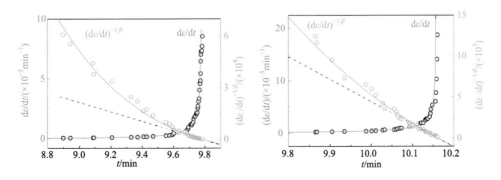

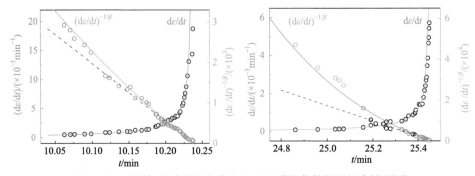

图 4-14　应变加速阶段应变率和$(d\varepsilon/dt)^{-1/\beta}$演化数据及拟合结果[48]

4.4　时间相关破坏过程及其幂律奇异性前兆的理论模型

4.4.1　蠕变应力松弛破坏模型及其幂律奇异性前兆

1. 模型与结果

对于弹性场能量释放驱动的灾变破坏过程，最直接的模型就是将弹性场简化为如图 4-15 所示的弹簧，与弹簧直接串联的是损伤体[49]。当损伤是与时间相关的破坏过程时，材料会表现出黏弹性。

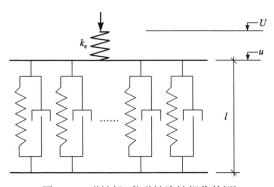

图 4-15　弹性场-黏弹性脆性损伤体[49]

图 4-15 中损伤体由众多黏弹性脆性细观单元并联组成。每个细观单元采用 Kelvin-Voigt 黏弹性单元，每个 Kelvin-Voigt 黏弹性单元由一个牛顿阻尼和一个线弹性弹簧并联组成，对应的本构关系可以表示为[49]

$$\eta\dot{u} + k_{d}u = p \tag{4-29}$$

式中，η 为黏性系数，k_d 为每个单元的弹性刚度，p 为每个细观单元承受的力。将每个单元承受的力 p 进行归一无量纲化为 $f = p/(lk_d)$ 后，对应地将变形也归一无

量纲化为 $\varepsilon = u/l$。l 是每个细观单元的长度。于是，等式(4-29)可以进一步改写为[49]

$$\frac{\eta}{k_{\mathrm{d}}}\dot{\varepsilon} + \varepsilon = f \tag{4-30}$$

为考察弹性场-黏弹性损伤体相互作用下时间相关破坏过程，采用的加载方式为：在外界快速施加一个位移 U，此过程中弹性场发生快速变形并且存储弹性应变能，但是细观单元的断裂不是瞬时发生，而是随时间发展而演化；每个细观单元达到其断裂阈值后，发生脆性断裂完全退出工作，并将其承受的载荷均匀分配给其他所有完好的单元。

由变形连续关系，弹簧的变形 u_{e} 可以表示为

$$u_{\mathrm{e}} = U - u \tag{4-31}$$

作用在边界上的总的合力为

$$F = k_{\mathrm{e}}u_{\mathrm{e}} = k_{\mathrm{e}}(U - u) \tag{4-32}$$

式中，k_{e} 为弹簧刚度。当损伤体应变为 ε，对应损伤分数为 $D(\varepsilon)$ 时，作用在每个完好单元上的真实载荷为

$$f = f_0/[N(1 - D(\varepsilon))] \tag{4-33}$$

其中，归一无量纲化后的名义载荷为

$$f_0 = F/(Nlk_{\mathrm{d}}) = k(\varepsilon_0 - \varepsilon) \tag{4-34}$$

式中，$\varepsilon_0 = U/l$ 代表归一化后的边界位移，$k = k_{\mathrm{e}}/(Nk_{\mathrm{d}})$ 是弹性场与损伤体初始刚度比。

于是，本构关系式(4-30)可以进一步写为[49]

$$\frac{\eta}{k_{\mathrm{d}}}\dot{\varepsilon} = \frac{k(\varepsilon_0 - \varepsilon) - \varepsilon(1 - D)}{1 - D} \tag{4-35}$$

可以看出，伴随 k 和 ε_0 取值变化，等式(4-35)的解有两种情况。一种是在整个应变取值范围内存在一个应变值，使得

$$k(\varepsilon_0 - \varepsilon) - \varepsilon(1 - D(\varepsilon)) = 0 \tag{4-36}$$

则等式(4-35)存在一个静态解 ε_{s}。也就是说，在一边界加载位移 ε_0 下，损伤体应变 $\varepsilon(t)$ 会随着 $t \to \infty$ 收敛于静态值 ε_{s}。此时，不会发生宏观破坏。否则，没有静态解存在，应变率 $\dot{\varepsilon}$ 会一直保持正值，损伤体的应变单调增加，直至有限时间 t_{f} 时诱发整体宏观破坏。

由微分方程(4-35)可以求出[49]

$$t = \frac{\eta}{k_d} \int \frac{(1 - D(\varepsilon))}{k(\varepsilon_0 - \varepsilon) - \varepsilon(1 - D(\varepsilon))} \, d\varepsilon + C \tag{4-37}$$

C 为积分常数，可以由初始条件 $\varepsilon(t = 0) = 0$ 确定。

由等式(4-35)和(4-37)可以推导出，在趋近于破坏时间 t_f 时，变形率 $d\varepsilon/dt$ 是发散的，且可以表示为[49]

$$d\varepsilon/dt \propto (t_f - t)^{-1/2} \tag{4-38}$$

同时，

$$df_0/dt = -kd\varepsilon/dt \propto (t_f - t)^{-1/2} \tag{4-39}$$

当单元应变阈值 ε_d 服从均匀分布时，分布的最小值记为 0、最大值记为 ε_m，那么当损伤体归一化应变 $\varepsilon = \varepsilon_d/\varepsilon_m$ 时，损伤分数

$$D(\varepsilon) = \varepsilon \tag{4-40}$$

考虑初始条件 $\varepsilon(t = 0) = 0$ 后，由式(4-37)可以给出均匀分布时显式解如下。当 $4k\varepsilon_0 > (k + 1)^2$ 时[49]

$$\frac{k_d}{\eta} t = -\frac{1}{2} \ln \frac{k\varepsilon_0 - (k+1)\varepsilon + \varepsilon^2}{k\varepsilon_0} + \frac{(1-k)}{\sqrt{4k\varepsilon_0 - (k+1)^2}} \left[\arctan\left(\frac{2\varepsilon - (k+1)}{\sqrt{4k\varepsilon_0 - (k+1)^2}} \right) \right.$$
$$\left. - \arctan\left(\frac{-(k+1)}{\sqrt{4k\varepsilon_0 - (k+1)^2}} \right) \right] \tag{4-41}$$

此时，$\dot{\varepsilon}$ 总是正的，并在 $t \to t_f$ 趋向于无穷大。当 $4k\varepsilon_0 \leqslant (k+1)^2$ 时[49]

$$\frac{k_d}{\eta} t = -\frac{1}{2} \ln \frac{k\varepsilon_0 - (k+1)\varepsilon + \varepsilon^2}{k\varepsilon_0} - \frac{(1-k)}{\sqrt{(k+1)^2 - 4k\varepsilon_0}} \frac{1}{2} \left[\ln \left| 1 + \frac{2\varepsilon - (k+1)}{\sqrt{(k+1)^2 - 4k\varepsilon_0}} \right| \right.$$
$$\left. - \ln \left| 1 - \frac{2\varepsilon - (k+1)}{\sqrt{(k+1)^2 - 4k\varepsilon_0}} \right| - \ln \frac{(k+1) - \sqrt{(k+1)^2 - 4k\varepsilon_0}}{(k+1) + \sqrt{(k+1)^2 - 4k\varepsilon_0}} \right] \tag{4-42}$$

于是，可以确定触发系统破坏的临界刚度[49]

$$k_c = (2\varepsilon_0 - 1)^2 - \sqrt{(2\varepsilon_0 - 1)^2 - 1} \tag{4-43}$$

图 4-16 给出的是基于解析式(4-41)和(4-42)做出的应变-时间曲线。可以看出，在趋近破坏点时应变呈现明显的加速过程，而当刚度不满足破坏条件时，应变趋向一个稳定的静态值[49]。

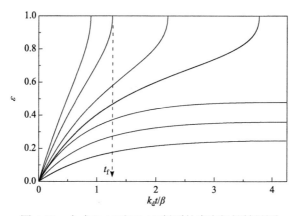

图 4-16 由式(4-41)和(4-42)得到的应变解析结果[49]

2. 幂律奇异性前兆

为进一步与解析结果进行对照，图 4-17 给出了不同刚度 k 下的脆性蠕变-应力松弛 Mento Carlo 数值模拟结果[49]。作为一个代表性事例，图 4-18 给出了 $k=0.5$、$\varepsilon_0=1.2$ 时，应力松弛率与剩余破坏时间的双对数曲线，临近破坏时的线性部分很好地显示了趋向破坏时加速过程的幂律奇异性前兆特征[49]。

$$\mathrm{d}\, f_0 / \mathrm{d}\, t \propto (t_\mathrm{f} - t)^{-1/2} \tag{4-44}$$

弹性能释放(通常以声发射形式)是断裂和破坏过程的一个重要特征。此处的弹性能(E)释放率[49]

$$\frac{\mathrm{d}E}{\mathrm{d}t} = \frac{\varepsilon_0}{2}\frac{\mathrm{d}f_0}{\mathrm{d}t} \propto (t_\mathrm{f} - t)^{-1/2} \tag{4-45}$$

同样呈现出类似的幂律奇异性特征。

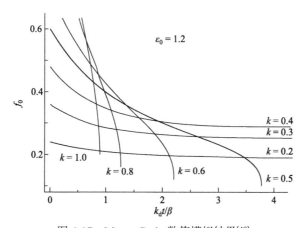

图 4-17 Mento Carlo 数值模拟结果[49]

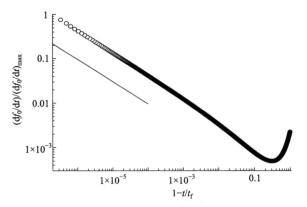

图 4-18　趋近破坏过程的幂律奇异性前兆[49]

4.4.2　弹性黏性松弛破坏模型及其幂律奇异性前兆

1. 模型与结果

关于破坏过程的理论模型，在细观单元层次，通常采用弹性脆性本构，即每个细观单元在达到其破坏阈值前，均为线弹性行为，达到强度阈值后，细观单元马上发生完全的脆性断裂，退出工作。本节将引入一个弹性黏性松弛模型[50]，来刻画细观单元破坏前后的本构特征。每个细观单元破坏前依然是线弹性的，即

$$\sigma = E\varepsilon \tag{4-46}$$

但是，这里放弃脆性假设，而假设每个单元达到其强度阈值后的本构服从黏性松弛过程，即当单个细单元达到其强度阈值时，不会完全断裂和退出工作，而是表现出一个松弛过程。不适一般性地，这里依然采用 Kelvin-Voigt 模型来表征达到强度阈值后的细观单元的本构特性，即本构方程为[49,50]

$$\sigma_{\mathrm{b}} = \eta\dot{\varepsilon} + E_{\mathrm{b}}\varepsilon \tag{4-47}$$

与 4.4.1 节类似，η 为黏性系数，室温下玻璃的黏性系数为 $10^{18}\sim10^{21}$ Pa·s；E_{b} 代表达到强度阈值后细观单元的有效刚度，$E_{\mathrm{b}} \ll E$。

在外部边界名义应力 σ_0 加载下，整体平均场近似可以给出整个系统的宏观本构方程为

$$\sigma_0 = \sigma(1 - D(\varepsilon)) + \sigma_{\mathrm{b}}D(\varepsilon) \tag{4-48}$$

将式(4-46)和(4-47)代入等式(4-48)，有

$$\sigma_0 = E\varepsilon(1 - D(\varepsilon)) + (\beta\dot{\varepsilon} + E_{\mathrm{b}}\varepsilon)D(\varepsilon) \tag{4-49}$$

由此，可以得出

$$\eta\dot{\varepsilon} = \frac{\sigma_0 - E\varepsilon + \varepsilon D(\varepsilon)(E - E_b)}{D(\varepsilon)} \tag{4-50}$$

类似地，通过分离变量法积分后有

$$t = \int \frac{D(\varepsilon)}{\sigma_0 - E\varepsilon + \varepsilon D(\varepsilon)(E - E_b)} d\varepsilon + C \tag{4-51}$$

这里的积分常数 C 可以由初始条件 $\varepsilon(t=0)=0$ 确定出来。

由方程(4-50) 可以看出，边界名义应力 σ_0 和刚度比 E_b/E 取值不同，其解可以有两种情况。当外载 σ_0 小于临界载荷值 σ_c 时，方程(4-50)有一个静态解 ε_s；但是，当 $\sigma_0 > \sigma_c$ 时，没有静态解存在，应变率 $\dot{\varepsilon}$ 始终是正值，并最终导致宏观破坏。

其中静态解 ε_s 可以通过设定 $\dot{\varepsilon}=0$ 由方程(4-50)求得，如此则有

$$\sigma_{0s} = E\varepsilon_s(1 - D(\varepsilon_s)) + E_b\varepsilon_s D(\varepsilon_s) \tag{4-52}$$

由此，外载临界值

$$\sigma_c = E\varepsilon_c(1 - D(\varepsilon_c)) + E_b\varepsilon_c D(\varepsilon_c) \tag{4-53}$$

由静态解时，ε_c 对应于最大载荷点的应变，即可以由 $d\sigma_{0s}/d\varepsilon_s = 0$ 求得。正因为 $\sigma_s(\varepsilon)$ 在 ε_c 处取最大值 σ_c，则在 ε_c 的邻域内有

$$\sigma_{0s} \approx \sigma_c - A(\varepsilon_c - \varepsilon)^2 \tag{4-54}$$

当应变阈值取为 0 和 ε_m 之间的均匀分布时，有 $D(\varepsilon) = \varepsilon$。这里 ε 为用 ε_m 归一化后的应变，则 ε 取值为 0 和 1 的均匀分布。将 $D(\varepsilon) = \varepsilon$ 代入表达式(4-50)，可以得出

$$\eta\dot{\varepsilon} = \frac{\sigma_0 - E\varepsilon + \varepsilon^2(E - E_b)}{\varepsilon} \tag{4-55}$$

可以看出，如果 $\frac{\sigma_0}{E} - \varepsilon + \varepsilon^2\frac{E - E_b}{E} = 0$，则这个解将是静态解。于是可以得到

$$\sigma_c = (E/4)/(1 - E_b/E) \tag{4-56}$$

且

$$\varepsilon_c = (E/2)/(E - E_b) \tag{4-57}$$

由等式(4-55)积分后可得

$$t = \eta\int \frac{\varepsilon}{\sigma_0 - E\varepsilon + \varepsilon^2(E - E_b)} d\varepsilon + C \tag{4-58}$$

并将初始条件代入后，可以得到，当 $\sigma_0 < \sigma_c$ 时，有

$$\frac{E}{\eta}t = \frac{1}{2\left(1-\dfrac{E_b}{E}\right)}\ln\frac{\sigma_0/E - \varepsilon + (1-E_b/E)\varepsilon^2}{\sigma_0/E}$$

$$+ \frac{1}{2\left(1-\dfrac{E_b}{E}\right)\sqrt{1-4\dfrac{\sigma_0(E-E_b)}{E^2}}}\ln\left|\frac{2\left(1-\dfrac{E_b}{E}\right)\varepsilon - 1 - \sqrt{1-4\dfrac{\sigma_0(E-E_b)}{E^2}}}{2\left(1-\dfrac{E_b}{E}\right)\varepsilon - 1 + \sqrt{1-4\dfrac{\sigma_0(E-E_b)}{E^2}}}\right|$$

$$- \frac{1}{2\left(1-\dfrac{E_b}{E}\right)\sqrt{1-4\dfrac{\sigma_0(E-E_b)}{E^2}}}\ln\left|\frac{-1-\sqrt{1-4\dfrac{\sigma_0(E-E_b)}{E^2}}}{-1+\sqrt{1-4\dfrac{\sigma_0(E-E_b)}{E^2}}}\right| \tag{4-59}$$

当 $\sigma_0 > \sigma_c$ 时，有

$$\frac{E}{\eta}t = \frac{1}{2\left(1-\dfrac{E_b}{E}\right)}\ln\frac{\sigma_0/E - \varepsilon + (1-E_b/E)\varepsilon^2}{\sigma_0/E}$$

$$+ \arctan\frac{2(1-E_b/E)\varepsilon - 1}{\sqrt{4\dfrac{\sigma_0(E-E_b)}{E^2} - 1}}\Bigg/\left[\left(1-\frac{E_b}{E}\right)\sqrt{4\frac{\sigma_0(E-E_b)}{E^2} - 1}\right]$$

$$- \arctan\left[\frac{-1}{\sqrt{4\dfrac{\sigma_0(E-E_b)}{E^2} - 1}}\right]\Bigg/\left[\left(1-\frac{E_b}{E}\right)\sqrt{4\frac{\sigma_0(E-E_b)}{E^2} - 1}\right] \tag{4-60}$$

基于式(4-59)和(4-60)得到的解析结果如图 4-19 所示，很好地表明了 $\sigma_0 < \sigma_c$ 和 $\sigma_0 > \sigma_c$ 两种不同的解的行为趋势。

2. 幂律奇异性加速前兆趋势

当 $\sigma_0 > \sigma_c$ 时，如取 $\sigma_0 = \sigma_c + \Delta\sigma_0$，则由方程(4-53)和(4-54)，并进行渐近展开后有在 ε_c 的邻域内

$$t_f \sim \eta\int\frac{1-D(\varepsilon)}{\Delta\sigma_0 - A(\varepsilon_c - \varepsilon)^2} \tag{4-61}$$

上式积分后可以得出[50]

$$t_f \approx (\sigma_0 - \sigma_c)^{-1/2} \tag{4-62}$$

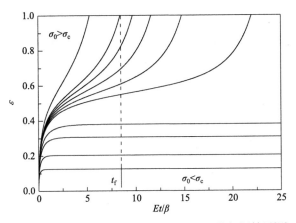

图 4-19 基于式(4-59)和(4-60)得到的 $\varepsilon(t)$ 的解析结果[50]

图 4-20 为 Mento Carlo 数值模拟计算的结果，双对数图上的线性趋势表明了式 (4-62)给出的幂律奇异性前兆特征。

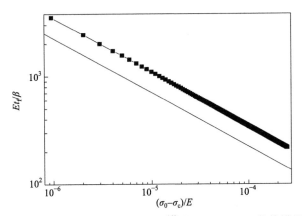

图 4-20 幂律奇异性前兆 $t_f \approx (\sigma_0 - \sigma_c)^{-1/2}$ 的 Mento Carlo 数值模拟结果[50]

作为线性关系的对照，图中做出了一条斜率为-1/2 的直线

4.5 多尺度灾变破坏前兆事件构成及其前兆特征

4.5.1 多尺度灾变破坏响应聚集量演化特征

非均匀准脆性材料的失效和破坏过程涉及多个不同尺度上的损伤事件，这种不同尺度上的损伤使得灾变破坏过程及其预测变得更加复杂[31,51-55]。理解这些不同尺度上事件的特征及其对前兆趋势的影响，对探索灾变破坏的有效预测方法，无疑是十分必要的[31,52-55]，譬如，实地测量[31]和试验结果[56]表明基于演变率的倒数的最小值点会比基于整体演变率有更好的预测效果。

　　由 2.3 节的多尺度灾变破坏计算结果，图 4-19 给出了微观单元破坏率 $\Delta N_b/\Delta U$(图 4-21(a))、宏观损伤体整体变形演变率 $\Delta u_m/\Delta U$(图 4-21(b))、事件发生率 $\Delta N_E/\Delta U$(图 4-21(c))、大灾变破坏事件(LCF)发生率 $\Delta N_{LCF}/\Delta U$(图 4-21(d))及大灾变破坏事件时刻记录的变形率 $\Delta u_{LCF}/\Delta U$(图 4-21(e))[57]。可以看出，微观单元破坏率 $\Delta N_b/\Delta U$、宏观损伤体整体变形演变率 $\Delta u_m/\Delta U$ 和事件发生率 $\Delta N_E/\Delta U$ 均没有显示出加速前兆过程，而是呈现出时间上的随机涨落发展。

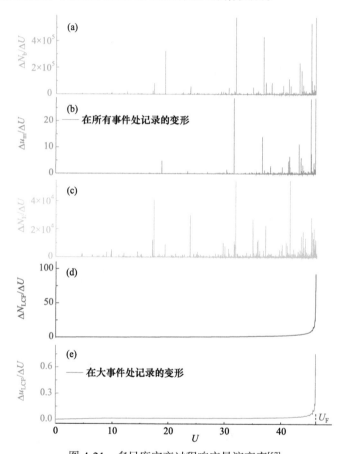

图 4-21　多尺度灾变过程响应量演变率[57]

(a)微观单元破坏率; (b)宏观损伤体整体变形演变率; (c)事件发生率; (d)大灾变破坏事件发生率;
(e)大灾变破坏事件时刻记录的变形率

　　但是，如果仅仅记录大灾变破坏事件发生率 $\Delta N_{LCF}/\Delta U$ 及其对应过程的变形演变率 $\Delta u_{LCF}/\Delta U$，在趋近宏观灾变破坏时，呈现出了明显的加速前兆趋势。

4.5.2　多尺度灾变破坏幂律奇异性加速前兆及其事件构成

　　图 4-22 给出的 $\Delta N_{LCF}/\Delta U$ 和 $\Delta u_{LCF}/\Delta U$ 相对于变形($U_F - U$)演变曲线的双对数

图，临近宏观破坏时刻的近似线性段清晰地表明了记录大灾变破坏事件演变率趋近宏观灾变时的临界幂律奇异性前兆趋势[57]

$$\Delta R/\Delta U \sim (U_F - U)^{-\beta} \qquad (4\text{-}63)$$

其中，R 代表监测响应量 N_{LCF} 和 u_{LCF} 的聚集量。对于响应函数 $\Delta u_{\text{LCF}}/\Delta U$，拟合得到的临界幂律奇异性指数 β 的值约为 0.5，响应函数 $\Delta N_{\text{LCF}}/\Delta U$ 对应的临界幂律奇异性指数约为 0.55，两者显现出细微的差异。

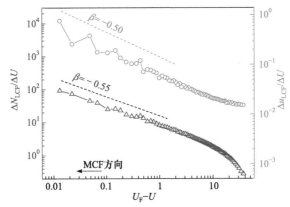

图 4-22　大灾变破坏事件发生率及对应时刻记录的变形率双对数图[57]

　　上面结果表明，通向宏观灾变破坏过程中，会有各种不同尺度事件发生。但是，并不是所有的响应事件和信号都能构成前兆信号。譬如实际监测中，如果记录所有时刻的变形或所有事件数，将不能显现出临界幂律加速前兆。仅仅大灾变破坏事件是构成宏观灾变破坏的前兆事件。这可能是实际监测中，有时没能监测到前兆信号的一个重要原因。灾变破坏的临灾预测，涉及一个有效前兆信号的提取与甄别问题。这里的提取与甄别，不是噪声和滤波，而是真实物理响应信息中前兆信号的识别和提取。

参 考 文 献

[1] Bai Y L, Xia M F, Ke F J. Statistical Meso-mechanics of Damage and Failure: How Microdamage Induces Disaster[M]. Beijing; Singapore: Science Press, LNM, Springer, 2019.

[2] Hao S W, Rong F, Lu M F, et al. Power-law singularity as a possible catastrophe warning observed in rock experiments[J]. Int J Rock Mech Min Sci,2013, 60: 253-262.

[3] Xue J, Hao S W, Wang J, et al. The changeable power‐law singularity and its application to prediction of catastrophic rupture in uniaxial compressive tests of geo-media[J]. J Geophys Res Solid Earth, 2018, 123: 2645-2657.

[4] 郝圣旺. 非均匀介质的变形局部化、灾变破坏及临界奇异性[D]. 北京: 中国科学院研究生院, 2007.

[5] Hao S W, Liu C, Lu C S, et al. A relation to predict the failure of materials and potential application to volcanic eruptions and landslides[J]. Sci Rep, 2016, 6: 27877.

[6] Bai Y L, Hao S W. Elastic and statistically brittle (ESB) model, damage localization and catastrophic rupture[C] //Li A, Sih G, Nied H, et al. Proceedings of International Conference On Health Monitoring Of Structure, Materials And Environment. Nanjing: Southeast University Press, 2007, 1-2: 1-5.

[7] 郝圣旺, 孙菊. 非均质脆性材料灾变性破坏的一种敏感前兆[J]. 力学学报, 208, 40(3): 339-344.

[8] Hao S W, Yang H, Liang X Z. Catastrophic failure and critical scaling laws of fiber bundle material[J]. Materials,2017, 10: 515.

[9] Wan, Y C, Zhou N, Chang F Q, et al. Brittle creep failure, critical behavior, and time-to-failure prediction of concrete under uniaxial compression[J]. Adv mater sci eng, 2015, 2015(8): 101035.

[10] 杨航. 灾变破坏的临界标度律特征及预测方法研究[D]. 秦皇岛: 燕山大学, 2018.

[11] Hao S W, Liu C, Wang Y C, et al. Scaling law of average failure rate and steady-state rate in rocks[J]. Pure Appl Geophys, 2017, 174: 2199-2215.

[12] 刘超. 岩石类脆性材料参数估计及标度律特征研究[D].秦皇岛: 燕山大学, 2016.

[13] Hao S W, Yang H, Elsworth D. An accelerating precursor to predict "time-to-failure" in creep and volcanic eruptions[J]. J Volcanol Geoth Res, 2017, 343(1): 252-262.

[14] Xu Q, Yuan Y, Zeng Y, et al. Some new pre-warning criteria for creep slope failure[J]. Sci ChinaTechnol Sci, 2011, 54: 210-220.

[15] Fan X M, Xu Q, Liu J, et al. Successful early warning and emergency response of a disastrous rockslide in Guizhou province, China[J]. Landslides, 2019, 16: 2445-2457.

[16] Saito M. Forecasting time of slope failure by tertiary creep[C]. Proceedings of 7thinternational conference on soil mechanics and foundation engineering, Mexico, 1969: 677-683

[17] Wang X G, Yin Y P, Wang J D, et al. A nonstationary parameter model for the sandstone creep tests[J]. Landslides, 2018, 15: 1377-1389.

[18] Nechad H, Helmstetter A, Guerjouma R E, et al. Andrade creep and critical time-to-failure laws in heterogeneous materials[J]. Phys Rev Lett, 2005, 94: 045501.

[19] Heap M J, Baud P, Meredith P G, et al. Brittle creep in basalt and its application to time-dependent volcano deformation[J]. Earth Planet Sci Lett, 2011, 37(1-2): 71-82.

[20] Koivisto J, Ovaska M, Miksic A, et al. Predicting sample lifetimes in creep fracture of heterogeneous materials[J]. Phys Rev E, 2016, 94: 023002.

[21] Hao S W, Zhang B J, Tian J F, et al. Predicting time-to-failure in rock extrapolated from secondary creep[J]. J Geophys Res Solid Earth, 2014, 119: 1942-1953.

[22] 王影冲, 王鼎, 郝圣旺. 混凝土蠕变与应力松弛耦合破坏及临界幂律行为[J]. 工程力学, 2016, 33(增刊): 49-55.

[23] Wang Y C, Zhang B J, Hao S W. Time-dependent brittle creep-relaxation failure in concrete[J]. Mag Concrete Res, 2016, 68(13): 692-700.

[24] Voight B. A method for prediction of volcanic eruptions[J]. Nature, 1988, 332: 125-130.

[25] Voight B. A relation to describe rate-dependent material failure[J]. Science, 1989, 243: 200-203.

[26] Voight B, Cornelius R R. Prospects for eruption prediction in near real-time[J]. Nature,1991, 350: 695-698.

[27] Cornelius R R, Voight B. Graphical and PC-software analysis of volcano eruption precursors according to the materials failure forecast method (FFM)[J]. J Volcanol Geotherm Res, 1995, 64: 295-320.

[28] Kilburn C R J. Multiscale fracturing as a key to forecasting volcanic eruptions[J]. J Volcanol Geotherm Res, 2003, 125: 271-289.

[29] Voight B, Cornelius R R. Prospects for eruption prediction in near real-time[J]. Nature, 1991, 350: 695-698.

[30] McGuire W J, Kilburn C R J. Forecasting volcanic events: some contemporary issues[J]. Geol Rundsch, 1997, 86: 439-445.

[31] Kilburn C R J,Voight B. Slow rock fracture as eruption precursor at Soufriere Hills volcano, Montserrat[J]. Geophys Res Lett, 1998, 25(19): 3665-3668.

[32] De la Cruz-Reyna S, Reyes-Davila G A. A model to describe precursory material-failure phenomena: Applications to short-term forecasting at Colima volcano[J]. Mexico Bull Volcanol, 2001, 63: 297-308.

[33] Sparks R S J. Forecasting volcanic eruptions[J]. Earth planet Sci Lett, 2003, 210: 1-15.

[34] Chastin S F M, Main I G. Statistical analysis of daily seismic event rate as a precursor to volcanic eruptions[J]. Geophys Res Lett, 2003, 30: L24617.

[35] Smith R, Kilburn C R J, Sammonds P R. Rock fracture as a precursor to lava dome eruptions at Mount St Helens from June 1980 to October 1986[J]. Bull Volcanol, 2007, 69: 681-693.

[36] Collombet M, Grasso J R, Ferrazzini V. Seismicity rate before eruptions on Piton de la Fournaise volcano: implications for eruption dynamics[J]. Geophys Res Lett, 2003, 30(21): 2099.

[37] Petley D N, Higuchi T, Petley D J, et al. Development of progressive landslide failure in cohesive materials[J]. Geology, 2005, 33(3): 201-204.

[38] Saito M. Forecasting the time of occurrence of a slope failure[C]. Proceedings of 6th international conference on soil mechanics and foundation engineering, Montreal. Toronto: University of Toronto Press, 1965: 537-541.

[39] Saito M. Forecasting time of slope failure by tertiary creep[C]. Proceedings of 7th international conference on soil mechanics and foundation engineering, Mexico, 1969: 677-683.

[40] Fukuzono T. A new method for predicting the failure time of a slope[C]. Proc., IVth Int. Conference and Field Workshop on Landslides, Tokyo. Tokyo: Tokyo University Press, 1985: 145-150.

[41] Lavallée Y, Meredith P, Dingwell D B, et al. Seismogenic lavas and explosive eruption forecasting[J]. Nature, 2008, 453: 507-510.

[42] Heap M J, Baud P, Meredith P G, et al. Time-dependent brittle creep in Darley Dale sandstone[J]. J Geophys Res, 2009, 114: B07203.

[43] Bell A F, Naylor M, Heap M J, et al. Forecasting volcanic eruptions and other material failure phenomena: An evaluation of the failure forecast method[J]. Geophys Res Lett, 2011, 38：

L15304.

[44] Main I G. Applicability of time‐to‐failure analysis to accelerated strain before earthquakes and volcanic eruptions[J]. Geophys J Int, 1999, 139(3): F1-F6.

[45] Cornelius R R, Scott P A. A materials failure relation of accelerating creep as empirical description of damage accumulation[J]. Rock Mech Rock Eng, 1993, 26(3): 233-252.

[46] Hao S W, Yang H, Elsworth D. An accelerating precursor to predict "time-to-failure" in creep and volcanic eruptions[J]. J Volcanol Geotherm Res, 2017, 343(1): 252-262.

[47] Zhou S J, Hao S W, Elsworth D. Magnitude and variation of the critical power law exponent and its physical controls[J]. Physica A, 2018, 510: 552-557.

[48] 杨雷. 灾变破坏临界幂律奇异性加速前兆及预测处理方法研究[D]. 秦皇岛: 燕山大学, 2018.

[49] Hao S W, Zhang B J, Tian J F. Relaxation creep rupture of heterogeneous material under constant strain[J]. Phys Rev E, 2012, 85(1): 012501.

[50] Hao S W, Zhang B J, Tian J F. Creep rupture in a bundle of slowly relaxing fibres[J]. P I Mech Eng L-J Mat, 2012, 226(2): 144-148.

[51] Sornette D. Predictability of catastrophic events: Material rupture, earthquakes, turbulence, financial crashes, and human birth[J]. Proc Natl Acad Sci USA, 2002, 99(Suppl 1): 2522-2529.

[52] Zapperi S, Vespignani A, Stanly H E. Plasticity and avalanche behavior in microfracturing phenomena[J]. Nature, 1997, 388: 658-666.

[53] Vasseur J, Wadsworth F B, Heap M J, et al. Does an inter-flaw length control the accuracy of rupture forecasting in geological materials?[J]. Earth Planet Sci Lett, 2017, 475: 181-189.

[54] Vasseur J, Wadsworth F B, Lavallée Y, et al. Heterogeneity: The key to failure forecasting[J]. Sci Rep, 2015, 5: 13259.

[55] Kilburn C R J, De Natale G, Carlino S. Progressive approach to eruption at Campi Flegrei caldera in southern Italy[J]. Nat Commun, 2015, 8: 15312.

[56] Lavallée Y, Meredith P, Dingwell D B, et al. Seismogenic lavas and explosive eruption forecasting[J]. Nature, 2008, 453(7194): 507-510.

[57] Wang H, Hao S W, Elsworth D. Non-monotonic precursory signals to multi-scale catastrophic failures[J]. Int J Fract, 2020, 226(2): 233-242.

第5章 加速破坏幂律奇异性指数取值与物理原理

5.1 加速破坏幂律奇异性指数测量值

大量的研究成果表明,在材料、试件或者结构,其力学进程的响应量(如损伤、变形、应力、应变等)变化率,在临近灾变破坏时点邻域内,会呈现典型的临界幂律奇异性前兆趋势[1-19]。响应量在临近破坏时的加速演化过程呈现出的幂律奇异性特征,在试验和实地观测中被广泛证实为一种有效的破坏前兆[1-19]。大量实地和试验数据的后验预测结果表明[1-19],临界幂律奇异性前兆特征是一个可行的破坏预测方法。

但是,研究者们报道各种试验和实地测量结果中,临界幂律奇异性指数的实际测量值有较大的差异性。比如第 4 章的试验和实地测量数据中,灾变破坏幂律前兆的临界幂指数 β(或 α)的取值并不完全一致。在这里,收集了相关代表性文献中的试验和实地测量数据,经计算得到的对应幂律奇异性指数的取值,列于表 5-1 中[9]。可以看出,幂律奇异性指数取值存在着明显的差异。由于这些差异较大,因此,其应该不会只是测量误差和拟合误差的结果,而应有着其内在的物理原因。

表 5-1 试验和实地测量中的幂指数取值[9]

α	加载条件	文献序号
1.66		
1.0		
1.97		[1]
1.4		
~2.0	未知	
~1.5		[20]
~2.0		[21]
1~3		[2]
~2.0		[21]

续表

α	加载条件	文献序号
3.3	未知	[22]
2.1		
1.47~2.42	控制变形加载	[11]
1.74~2.1	恒力蠕变试验	[2]
2.0		[23]
~2.96	控制边界位移加载	[7]
~2.5	脆性蠕变松弛破坏	[6]
3.0	控制力加载	[24]

Voight[2]由滑坡数据分析认为式(4-24)中幂指数取值区间为 $1 \leqslant \alpha < 3$，其火山喷发数据的计算结果中 α 值分别为 1.66[2]和 1.5[20]。在 Cornelius 和 Scott 的试验中[11]，α 取值在 1.47 和 2.12 之间。基于 Mount St. Helens volcano(Washington，USA) 的 1980~1986 年的变形测量结果[20]，α 值约为 1.5。金属和合金的试验中 α 值在 1.74 到 2.01 之间[2]，而土的试验中 α 值在 1.9 到 2.1 之间[2]。Smith 和 Kilburn 在 1991 年 Mount Pinatubo eruption (Philippines)火山监测数据分析[22]表明，当选取 3 个监测数据点计算时 α 值达到了 3.30，但是选取 7 个监测数据点计算时 α 值为 2.10。Hao 等[7]的花岗岩和大理岩的单轴压缩试验中 β 平均值为 0.51，变化范围在 0.37~0.72(对应地可以得到 $\alpha = 2.96$，变化区间为 2.39~3.70)。Hao 等的脆性蠕变松弛破坏试验的结果[6]中的 β 值约为 2/3 ($\alpha = 2.5$)。基于黏弹性纤维素模型，得到的幂律奇异性指数值[15,24,25]为 $\beta = 0.5$ ($\alpha = 3$)。薛健等[19,26]在控制位移单调加载试验中，得到四种岩石试样的试验结果的幂律奇异性指数取值在 1/2~1(图 5-1)。

所以，理解临界幂律奇异性指数分散性是来源于观测误差或其他因素引起的涨落，还是其物理上就具有着本征的分散性，认识其中的物理本质，无疑是一个十分关键的核心问题。

下面将从连续介质损伤力学出发，构建刻画破坏加速发展的多尺度损伤力学模型，从解析上分析恒力和单调加载两种典型代表性加载方式下，响应量的幂律奇异性特征及其幂律奇异性指数取值，分析了其取值区间及其内在控制因素[18,27,28]。

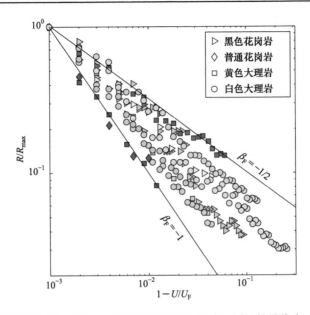

图 5-1　响应函数幂指数 β 在 1 和 1/2 之间的分布[19,26]。图中不同的符号代表 4 个不同岩石试样的数据，不同的颜色代表不同的斜率，也即是幂指数 β 的不同取值

5.2　前兆幂律奇异性指数取值范围与控制条件

5.2.1　加速破坏的多尺度连续损伤力学模型

1. 损伤力学基本模型

基于连续介质损伤力学的简化，将离散的微缺陷近似成为连续变化的损伤分数，损伤分数用 $D(t)$ 表示，为时间 t 的函数。通常，损伤分数表示的是损伤部分与完好部分的比值[29]

$$D(t) = 1 - \frac{A(t)}{A_0} \tag{5-1}$$

其中，A_0 代表整个截面面积，$A(t)$ 是 t 时刻能有效传递力的完好面积。在单向受载 F 时，其名义应力可以表示为

$$\sigma_0 = \frac{F}{A_0} \tag{5-2}$$

作用于有效完好面积上的真实应力 $\sigma(t)$ 为

$$\sigma(t) = \frac{F}{A(t)} \tag{5-3}$$

真实应变 $\varepsilon(t)$ 为

$$\varepsilon(t) = \frac{\sigma(t)}{E_0} \tag{5-4}$$

E_0 为系统初始弹性模量。由式(5-1)～(5-4)可得[29-31]

$$\sigma_0 = E_0[1 - D(t)]\varepsilon(t) \tag{5-5}$$

真实应力也可以相应地表示为

$$\sigma(t) = \frac{\sigma_0}{1 - D(t)} \tag{5-6}$$

在 $t = 0$ 时的初始状态，材料截面上的每个点均处于完好无损伤状态，即

$$D(t = 0) = 0, \quad A(t = 0) = A_0, \quad \sigma(t = 0) = \sigma_0 \tag{5-7}$$

当发生宏观完全破坏时，即当 $t = t_f$ 时，

$$D(t_f) = 1, \quad A(t_f) = 0 \tag{5-8}$$

2. 材料加速破坏的模型及临界幂律特征

为理解和说明上述连续损伤力学模型，卡恰诺夫等[29]引入连续度的概念，上述的损伤分数与连续因子 $\psi(t)$ 的关系可以表示为

$$\psi(t) = 1 - D(t) \tag{5-9}$$

对应地，$\psi(t)$ 的取值范围在(0,1)。在初始整个截面完好时，连续因子 $\psi(t) = 1$；在完全破坏时，连续因子 $\psi(t) = 0$。

连续因子的运动方程[29]可以写成

$$\frac{\mathrm{d}\psi}{\mathrm{d}t} = -C\left(\frac{\sigma_0}{\psi(t)}\right)^{\rho} \tag{5-10}$$

式中，C 和 n 为常数，且 $A>0$，$n>0$。

将式(5-9)代入，可将连续因子的运动方程(5-10)转换成损伤分数的演化方程

$$\frac{\mathrm{d}[1 - D(t)]}{\mathrm{d}t} = -C\left[\frac{\sigma_0}{1 - D(t)}\right]^{\rho} \tag{5-11}$$

式(5-11)可以进一步写为[29, 32, 33]

$$\frac{\mathrm{d}D}{\mathrm{d}t} = C\left[\frac{\sigma_0}{1 - D(t)}\right]^{\rho} \tag{5-12}$$

其中，指数 $\rho > 0$，表征系统损伤变化率对其真实应力 $\sigma(t)$ 非线性依赖。

在名义应力 σ_0 恒定的蠕变加载情况时，对式(5-12)微分方程进行求解，并考虑式(5-8)，有

$$D(t) = 1 - \left[C\sigma_0^\rho (\rho+1) \right]^{\frac{1}{\rho+1}} (t_f - t)^{\frac{1}{\rho+1}} \tag{5-13}$$

式(5-13)两边同时对 t 进行求导，得出

$$\frac{\mathrm{d}D}{\mathrm{d}t} = \frac{1}{\rho+1} \left[C\sigma_0^\rho (\rho+1) \right]^{\frac{1}{\rho+1}} (t_f - t)^{-\frac{\rho}{\rho+1}} \tag{5-14}$$

由式(5-14)可以看出，在趋向于灾变破坏时刻 t_f 时，损伤分数 D 的变化率具有幂律奇异性，其中奇异性指数 $\dfrac{\rho}{1+\rho}$，也可表示 $1 - \dfrac{1}{1+\rho}$。

进一步，将式(5-6)代入式(5-4)，可得

$$\varepsilon(t) = \frac{1}{E_0} \cdot \frac{\sigma_0}{1 - D(t)} \tag{5-15}$$

将式(5-13)代入式(5-15)，有

$$\varepsilon(t) \frac{\sigma_0}{E_0} \cdot \left[C\sigma_0^\rho (\rho+1) \right]^{-\frac{1}{\rho+1}} \cdot (t_f - t)^{-\frac{\rho}{\rho+1}} \tag{5-16}$$

式(5-16)两边同时对 t 进行求导，得到

$$\frac{\mathrm{d}\varepsilon}{\mathrm{d}t} = \frac{1}{\rho+1} \frac{\sigma_0}{E_0} \left[C\sigma_0^\rho (\rho+1) \right]^{-\frac{1}{\rho+1}} (t_f - t)^{-\frac{\rho+2}{\rho+1}} \tag{5-17}$$

当 $t \to t_f$ 时，$t_f - t \to 0$，令 $C_0 = \dfrac{1}{\rho+1} \cdot \dfrac{\sigma_0}{E_0} \cdot \left[C\sigma_0^\rho (\rho+1) \right]^{\frac{1}{\rho+1}}$ 后，上式可以改写为

$$\frac{\mathrm{d}\varepsilon}{\mathrm{d}t} = C_0 (t_f - t)^{-\frac{\rho+2}{\rho+1}} \tag{5-18}$$

从式(5-18)同样可以看出，应变率的加速过程呈现出幂律奇异性特征，其中，奇异性指数为 $\dfrac{\rho+2}{1+\rho}$，也可表示 $1 + \dfrac{1}{1+\rho}$ [27,28]。

3. 加速破坏的多尺度损伤力学模型

上文主要是基于整体平均的损伤演化方程推导的结果，没有考虑单个细观单元个体之间差异及其与整体损伤演化的差异。下面将进一步分析多尺度损伤演化情况下，响应量的演变特征与临界行为。

为刻画非均匀材料的多尺度损伤演化过程，这里首先构建一个多尺度损伤力

学模型。考虑材料为由内部细观受力单元组成的非均匀系统，每一个细观单元具有不同的寿命阈值 T_s。细观单元随着承受的应力历程的发展，单元内部损伤也不断发展，损伤的发展消耗该细观单元寿命，当其寿命消耗完毕时，该细观单元完全失效破坏，不再参与工作。

由于细观单元的寿命消耗完全取决于其损伤程度，所以，单元寿命消耗率等价于单元的损伤分数增加率。根据式(5-12)，细观单元寿命的消耗率和单元承受的局部真实应力的关系可以表示为[18,27]

$$\frac{\mathrm{d}T}{\mathrm{d}t} = C\big[\,\sigma(t)\,\big]^{\rho} \tag{5-19}$$

经过一个受载历程 $\sigma(t)$ 后，每个单元各自消耗的寿命 T 在其寿命阈值范围内时，即 $T < T_s$ 时，单元正常工作；当其消耗的寿命达到单元的寿命阈值时，即 $T = T_s$ 时，单元发生断裂，失去承载能力，退出工作。另外，单元各自损伤的发展仅使其寿命减少，不考虑其对单元本身弹性模量的影响。但是，每个单元的断裂，会导致系统整体有效弹性模量的降低。所以，系统中有两个不同尺度上的损伤发展，一个是单元内部损伤发展，一个是整个系统损伤的发展，两个不同尺度上的损伤发展对系统内部过程和整体响应的效应也不相同。

所以，只有细观单元消耗的寿命到达其寿命阈值，有细观单元退出工作时，非均匀系统的损伤分数 $D(t)$ 才会改变。当所有细观单元均在其寿命阈值范围内时，$D = 0$；当所有单元的寿命均消耗完毕时，$D = 1$。随着断裂退出工程的单元数量的增加，系统有效弹性模量 $E_0[1 - D(t)]$ 也随之改变。

根据以上特点可以知道，系统的损伤分数 $D(t)$ 与单元寿命阈值 T_s 密切相关。在某一特定的时刻 t，非均匀系统的损伤分数 $D(t)$ 等价于单元寿命阈值分布，即可以表示为单元寿命阈值的分布密度函数 p 的积分

$$D(t) = \int_0^{T(t)} p(T_s)\,\mathrm{d}T_s \tag{5-20}$$

将式(5-20)两边对时间 t 求导，可以得出

$$\frac{\mathrm{d}D}{\mathrm{d}t} = p(T)\frac{\mathrm{d}T}{\mathrm{d}t} \tag{5-21}$$

将式(5-19)代入后，得到

$$\frac{\mathrm{d}D}{\mathrm{d}t} = p(T)C\big[\sigma(t)\big]^{\rho} \tag{5-22}$$

至此，我们就构建了非均匀系统的多尺度损伤演化模型。式(5-12)通常用于金属材料在简单应力状态下的损伤分析。Newman 等[34]的研究表明，对于简单应力加载下的脆性损伤破坏，也存在着类似于式(5-12)描述的幂律关系。下文将在此基

础上进一步说明破坏加速发展的临界幂律奇异性特征及幂指数取值问题。需要指出的是,本节推导主要针对简单加载情况,对于复杂岩石应力状态,式(5-12)的适用性还有待进一步的试验和实地观测。

5.2.2　均匀分布时临界幂律奇异性及幂指数取值

均匀分布是实际应用中的一种常见分布。本节考察非均匀系统中的细观单元的寿命阈值 T_s 遵从区间为 $[T_a, T_b]$ 的均匀分布时的临界幂律奇异性前兆特征及其幂指数取值。其中, $T_a \geq 0$ 。则细观单元的寿命阈值 T_s 概率密度函数为[27,28]

$$\rho(T_s) = \begin{cases} \dfrac{1}{T_b - T_a}, & T_a \leq T_s \leq T_b \\ 0, & \text{其他} \end{cases} \tag{5-23}$$

细观单元的寿命阈值 T_s 累积分布函数为

$$P(T_s) = \begin{cases} 0, & T_s < T_a \\ \dfrac{T_s - T_a}{T_b - T_a}, & T_a \leq T_s \leq T_b \\ 1, & T_s > T_b \end{cases} \tag{5-24}$$

其均值为

$$E(T_s) = \frac{T_a + T_b}{2} \tag{5-25}$$

方差为

$$V(T_s) = \frac{(T_b - T_a)^2}{12} \tag{5-26}$$

根据式(5-20)和累积分布函数的定义,并考虑 $T_a \geq 0$,可得

$$D(t) = P(T_s) \Big|_{T_a}^{T(t)} \tag{5-27}$$

由式(5-27)和式(5-24),可以得出均匀分布下非均匀系统的损伤分数为

$$D(t) = \frac{T(t) - T_a}{T_b - T_a} \tag{5-28}$$

将式(5-28)两边对时间 t 进行求导,得出

$$\frac{\mathrm{d}D}{\mathrm{d}t} = \frac{1}{T_b - T_a} \frac{\mathrm{d}T}{\mathrm{d}t} \tag{5-29}$$

将式(5-19)代入式(5-29)有

$$\frac{\mathrm{d}D}{\mathrm{d}t} = \frac{C}{T_{\mathrm{b}} - T_{\mathrm{a}}} \big[\sigma(t) \big]^{\rho} \tag{5-30}$$

进一步将式(5-6)代入式(5-30)，可得

$$\frac{\mathrm{d}D}{\mathrm{d}t} = \frac{C}{T_{\mathrm{b}} - T_{\mathrm{a}}} \left[\frac{\sigma_0}{1 - D(t)} \right]^{\rho} \tag{5-31}$$

考虑非均匀系统处于蠕变加载的工况下，此时名义应力 σ_0 为常数，并考虑系统破坏时条件式(5-7)，对式(5-31)进行求解，得到

$$D(t) = 1 - \left[(\rho + 1) \frac{C \sigma_0^{\rho}}{T_{\mathrm{b}} - T_{\mathrm{a}}} \right]^{\frac{1}{\rho + 1}} (t_{\mathrm{f}} - t)^{\frac{1}{\rho + 1}} \tag{5-32}$$

将式(5-32)两边对时间 t 求导，得出[27,28]

$$\frac{\mathrm{d}D}{\mathrm{d}t} = \frac{1}{\rho + 1} \left[(\rho + 1) \frac{C \sigma_0^{\rho}}{T_{\mathrm{b}} - T_{\mathrm{a}}} \right]^{\frac{1}{\rho + 1}} (t_{\mathrm{f}} + t)^{-\frac{\rho}{\rho + 1}} \tag{5-33}$$

令 $C_1 = \dfrac{1}{\rho + 1} \left[(\rho + 1) \dfrac{C \sigma_0^{\rho}}{T_{\mathrm{b}} - T_{\mathrm{a}}} \right]^{\frac{1}{\rho + 1}}$，$\beta_1 = 1 - \dfrac{1}{\rho + 1}$，则式(5-33)可简写为[27,28]

$$\frac{\mathrm{d}D}{\mathrm{d}t} = C_1 (t_{\mathrm{f}} - t)^{-\beta_1} \tag{5-34}$$

从式(5-33)、式(5-34)可以看出，在细观单元的寿命阈值为均匀分布的情况下，非均匀系统的损伤分数演变率也呈现为临界幂律奇异性特征。其中，奇异性指数为 $1 - \dfrac{1}{1 + \rho}$[27,28]。

进一步考虑应变响应量在临近破坏时与时间的关系，将式(5-32)代入式(5-6)，得到

$$\sigma(t) = \sigma_0 \left[(\rho + 1) \frac{C \sigma_0^{\rho}}{T_{\mathrm{b}} - T_{\mathrm{a}}} \right]^{-\frac{1}{\rho + 1}} (t_{\mathrm{f}} - t)^{-\frac{1}{\rho + 1}} \tag{5-35}$$

将式(5-35)代入式(5-4)，可得

$$\varepsilon(t) = \frac{\sigma_0}{E_0} \left[(\rho + 1) \frac{C \sigma_0^{\rho}}{T_{\mathrm{b}} - T_{\mathrm{a}}} \right]^{-\frac{1}{\rho + 1}} (t_{\mathrm{f}} - t)^{-\frac{1}{\rho + 1}} \tag{5-36}$$

将式(5-36)两边对 t 求导有

$$\frac{\mathrm{d}\varepsilon}{\mathrm{d}t} = \frac{1}{\rho+1}\frac{\sigma_0}{E_0}\left[(\rho+1)\frac{C\sigma_0^{\rho}}{T_{\mathrm{b}}-T_{\mathrm{a}}}\right]^{-\frac{1}{\rho+1}}(t_{\mathrm{f}}+t)^{-\frac{\rho+2}{\rho+1}} \tag{5-37}$$

上式可以简化写作[27,28]

$$\frac{\mathrm{d}\varepsilon}{\mathrm{d}t} = C_2\left(t_{\mathrm{f}}-t\right)^{-\beta_2} \tag{5-38}$$

其中，$C_2 = \dfrac{1}{\rho+1}\dfrac{\sigma_0}{E_0}\left[(\rho+1)\dfrac{C\sigma_0^{\rho}}{T_{\mathrm{b}}-T_{\mathrm{a}}}\right]^{-\frac{1}{\rho+1}}$，$\beta_2 = 1+\dfrac{1}{\rho+1}$。

从式(5-37)、式(5-38)可以看出，在单元寿命阈值为均匀分布的情况下，非均匀系统的损伤分数变化速率也呈现临界幂律奇异性特征，其奇异性指数为 $1+\dfrac{1}{1+\rho}$ [27,28]。

比较式(5-34)和式(5-38)，损伤和应变速度在趋近于灾变破坏时刻 t_{f} 的幂律奇异性前兆趋势可以统一地表示为

$$\frac{\mathrm{d}\Omega}{\mathrm{d}t} = k\left(t_{\mathrm{f}}-t\right)^{-\beta} \tag{5-39}$$

其中，Ω 代表非均匀系统的损伤分数、应变等监测响应量。对应于损伤和应变率，k 取值分别为 C_1 及 C_2，β 取值分别为 β_1 及 β_2。式(5-39)即为损伤分数及应变两种响应量演变率在临近破坏点时呈现出的幂律奇异性特征的一般表达式。

5.2.3　Weibull 分布时临界幂律奇异性及幂指数取值

在可靠性工程中，Weibull 分布是一种被广泛应用的分布。这里，取系统中的细观单元的寿命阈值遵从单参数 Weibull 分布来考察其幂律奇异性及幂指数取值特征，Weibull 的形状参数 $\theta > 1$。由此，细观单元寿命阈值 T_{s} 的分布函数可以写为[27,28]

$$P(T_{\mathrm{s}}) = \begin{cases} 1-\exp\left[-T_{\mathrm{s}}^{\theta}\right], & T_{\mathrm{s}} \geqslant 0 \\ 0, & T_{\mathrm{s}} < 0 \end{cases} \tag{5-40}$$

对应地，细观单元寿命阈值 T_{s} 概率密度函数为[27,28]

$$P(T_{\mathrm{s}}) = \begin{cases} \theta T_{\mathrm{s}}^{\theta-1}\exp\left[-T_{\mathrm{s}}^{\theta}\right], & T_{\mathrm{s}} \geqslant 0 \\ 0, & T_{\mathrm{s}} < 0 \end{cases} \tag{5-41}$$

由式(5-20)，并根据分布函数的定义，可以得出 t 时刻 Weibull 分布下非均匀系统的损伤分数为

$$D(t) = P(T_s) \Big|_0^{T(t)} \tag{5-42}$$

将式(5-42)整理可得

$$D(t) = 1 - \exp\left[-(T(t))^\theta \right] \tag{5-43}$$

将式(5-43)两端分别对时间 t 求导，得到

$$\frac{\mathrm{d}D}{\mathrm{d}t} = \exp\left[-T^\theta \right]\theta(T)^{\theta-1}\frac{\mathrm{d}T}{\mathrm{d}t} \tag{5-44}$$

对于任意时点 t，据式(5-19)计算出各细观单元所消耗的寿命为

$$T(t) = \int_0^t C\left[\sigma(s) \right]^\rho \mathrm{d}s \tag{5-45}$$

将式(5-45)代入式(5-44)可以得出

$$\frac{\mathrm{d}D}{\mathrm{d}t} = \exp\left[-\left(\int_0^t C\left[\sigma(s) \right]^\rho \mathrm{d}s \right)^\theta \right]\theta\left(\int_0^t C\left[\sigma(s) \right]^\rho \mathrm{d}s \right)^{\theta-1} C\left[\sigma(t) \right]^\rho \tag{5-46}$$

根据式(5-43)，上式可进一步变换为

$$\frac{\mathrm{d}D}{\mathrm{d}t} = \left[1 - D(t) \right]\theta\left(\int_0^t C\left[\sigma(s) \right]^\rho \mathrm{d}s \right)^{\theta-1} C\left[\sigma(t) \right]^\rho \tag{5-47}$$

再将式(5-6)代入式(5-47)，可得

$$\frac{\mathrm{d}D}{\mathrm{d}t} = \theta\left(\int_0^t C\left[\sigma(s) \right]^\rho \mathrm{d}s \right)^{\theta-1} C\sigma_0^\rho \left[\frac{1}{1-D(t)} \right]^{\rho-1} \tag{5-48}$$

根据式(5-48)，当 $\rho > 1$(等于 $2,3,4,\cdots$)时，整个系统临近破坏，即 $t \to t_f$ 时，有

$$\int_0^t C\left[\sigma(s) \right]^\rho \mathrm{d}s \to \int_0^{t_f} C\left[\sigma(s) \right]^\rho \mathrm{d}s \tag{5-49}$$

可以看出，上面表达式中的 $\int_0^{t_f} C\left[\sigma(s) \right]^\rho \mathrm{d}s$ 就是系统所包含的所有细观单元中寿命阈值的最大值，$\int_0^t C\left[\sigma(s) \right]^\rho \mathrm{d}s$ 是有界非零时。

在破坏时刻，损伤分数 $D_f = 1$，则由式(5-48)可知，在破坏时 t_f 有

$$\left[\frac{1}{1-D(t)} \right]^{\rho-1}\Bigg|_{t_f} \to \infty \tag{5-50}$$

由式(5-48)可知，在破坏时刻损伤率具有奇异性[27,28]，即

$$\left.\frac{\mathrm{d}D}{\mathrm{d}t}\right|_{t_f}\to\infty,\quad 或\left.\frac{\mathrm{d}t}{\mathrm{d}D}\right|_{t_f}\to 0 \tag{5-51}$$

由 $D_f=1$，有当 $\lambda<\rho$ 时

$$\left.\left[\frac{1}{1-D(t)}\right]^{\rho-\lambda}\right|_{t_f}\to\infty \tag{5-52}$$

由式(5-48)可见，$\mathrm{d}^{\lambda}t/\mathrm{d}D^{\lambda}(\lambda<\rho)$ 是 $(1-D)^{\rho-\lambda}$ 的函数，于是有

$$\left.\frac{\mathrm{d}^{\lambda}D}{\mathrm{d}t^{\lambda}}\right|_{t_f}\to\infty,\quad 或\quad\left.\frac{\mathrm{d}^{\lambda}t}{\mathrm{d}D^{\lambda}}\right|_{t_f}\to 0 \tag{5-53}$$

　　为了进一步研究临界幂律奇异性的特征，我们将损伤分数作为自变量，时间作为因变量，将函数 $t(D)$ 在宏观系统完全破坏时刻 t_f 附近进行渐近展开[35,36]，并省去比 ρ 阶更高阶的项有[27,28]

$$t\approx t_f+\frac{\mathrm{d}t}{\mathrm{d}D}(D_f-D)+\cdots+\frac{1}{(\rho-1)!}\left(\frac{\mathrm{d}^{\rho-1}t}{\mathrm{d}D^{\rho-1}}\right)_f(D_f-D)^{\rho-1}+\frac{1}{\rho!}\left(\frac{\mathrm{d}^{\rho}t}{\mathrm{d}D^{\rho}}\right)_f(D_f-D)^{\rho}$$

$$\tag{5-54}$$

由于 $\left(\mathrm{d}^{\lambda}t/\mathrm{d}D^{\lambda}\right)_f\to 0\,(\lambda<\rho)$，式(5-54)可以变换为

$$t\approx t_f+\frac{1}{\rho!}\left(\frac{\mathrm{d}^{\rho}t}{\mathrm{d}D^{\rho}}\right)_f(D_f-D)^{\rho} \tag{5-55}$$

重新整理式(5-55)，可得

$$D(t)\approx D_f+\left[-\frac{1}{\rho!}\left(\frac{\mathrm{d}^{\rho}t}{\mathrm{d}D^{\rho}}\right)_f\right]^{\frac{1}{\rho}}(t_f-t)^{\frac{1}{\rho}} \tag{5-56}$$

将式(5-56)两边同时对 t 求导，有

$$\frac{\mathrm{d}D}{\mathrm{d}t}\approx-\frac{1}{\rho}\left[-\frac{1}{\rho!}\left(\frac{\mathrm{d}^{\rho}t}{\mathrm{d}D^{\rho}}\right)_f\right]^{\frac{1}{\rho}}(t_f-t)^{-\left(1-\frac{1}{\rho}\right)} \tag{5-57}$$

于是得出了细观单元寿命阈值呈 Weibull 分布时，系统损伤分数变化率呈现出的临界幂律奇异性关系[27,28]

$$\frac{\mathrm{d}D}{\mathrm{d}t}\propto(t_f-t)^{-\beta_3} \tag{5-58}$$

其中

$$\beta_3 = 1 - \frac{1}{\rho} \tag{5-59}$$

对于应变率，将式(5-15)两边同时对时间 t 求导，得出[27,28]

$$\frac{\mathrm{d}\varepsilon}{\mathrm{d}t} \approx \frac{\sigma_0}{E_0} \frac{1}{\left[1 - D(t)\right]^2} \frac{\mathrm{d}D}{\mathrm{d}t} \tag{5-60}$$

将式(5-56)、式(5-57)分别代入式(5-60)，得到

$$\frac{\mathrm{d}\varepsilon}{\mathrm{d}t} \approx -\frac{\sigma_0}{E_0} \frac{1}{\left[1 - D_{\mathrm{f}} - \left[-\frac{1}{\rho!}\left(\frac{\mathrm{d}^\rho t}{\mathrm{d}D^\rho}\right)_{\mathrm{f}}\right]^{\frac{1}{\rho}}(t_{\mathrm{f}} - t)^{\frac{1}{\rho}}\right]^2} \frac{1}{\rho} \left[-\frac{1}{\rho!}\left(\frac{\mathrm{d}^\rho t}{\mathrm{d}D^\rho}\right)_{\mathrm{f}}\right]^{\frac{1}{\rho}} (t_{\mathrm{f}} - t)^{-\left(1 - \frac{1}{\rho}\right)} \tag{5-61}$$

由于 $D(t_{\mathrm{f}}) = 1$，式(5-61)可变换为

$$\frac{\mathrm{d}\varepsilon}{\mathrm{d}t} \approx -\frac{\sigma_0}{E_0} \frac{1}{\rho} \left[-\frac{1}{\rho!}\left(\frac{\mathrm{d}^\rho t}{\mathrm{d}D^\rho}\right)_{\mathrm{f}}\right]^{\frac{1}{\rho}} (t_{\mathrm{f}} - t)^{-\left(1 + \frac{1}{\rho}\right)} \tag{5-62}$$

可以看出，细观单元寿命阈值为 Weibull 分布时，系统应变率也呈现临界幂律奇异性特征。式(5-62)可以简写为[27,28]

$$\frac{\mathrm{d}D}{\mathrm{d}t} \propto (t_{\mathrm{f}} - t)^{-\beta_4} \tag{5-63}$$

其中[27,28]，

$$\beta_4 = 1 + \frac{1}{\rho} \tag{5-64}$$

式(5-58)及式(5-63)表明，细观单元阈值服从 Weibull 分布时，系统损伤率和应变率具有与式(5-39)相似的临界幂律奇异性关系，此时式中的 β 取值分别为式(5-59)和式(5-64)所示的 β_3 和 β_4。

5.2.4 加速破坏临界幂律奇异性及幂指数的一般推导

5.2.2 节和 5.2.3 节推导了在蠕变破坏情况下考虑细观单元寿命阈值分别为均匀分布、Weibull 分布的非均匀系统的幂律奇异性特征及其奇异性指数取值特征。下面将进行一个更一般的解析推导和分析。

1. 恒定名义应力下的幂律奇异性

在恒定名义应力蠕变破坏时，将式(5-6)代入式(5-22)可得

$$\frac{\mathrm{d}D}{\mathrm{d}t} \approx p(T)C\sigma_0^\rho \left(\frac{1}{1-D(t)}\right)^\rho \tag{5-65}$$

在解析分析中，需要对式(5-65)细观单元的寿命阈值分布概率密度函数进行分类考虑。也就是，考虑概率密度函数趋于有限值、零和无限大三种情况，但不考虑其分布函数的具体形式。

1) 单元寿命概率密度函数为有限值时的临界幂律奇异性指数

假设细观单元的寿命阈值分布的概率密度函数为连续函数，在 $t \to t_f$ 时，有

$$\lim_{t \to t_f} p(T(t)) = p_f \tag{5-66}$$

其中，p_f 为正的非零常数。式(5-65)中 $C\sigma_0^\rho$ 为常数，则当系统趋近于灾变破坏点即 $D(t) \to D(t_f)=1$ 时，有

$$\left[\frac{1}{1-D(t)}\right]^\rho \bigg|_{t_f} \to \infty \tag{5-67}$$

与 5.2.3 节推导类似，由 $\left(\mathrm{d}^\lambda t / \mathrm{d}D^\lambda\right)_f \to 0 \,(\lambda < \rho+1)$，基于渐近展开并忽略高阶项有

$$t \approx t_f + \frac{1}{(\rho+1)!}\left(\frac{\mathrm{d}^{\rho+1} t}{\mathrm{d}D^{\rho+1}}\right)_f (D_f - D)^{\rho+1} \tag{5-68}$$

重新整理可得

$$D(t) \approx D_f + \left[-\frac{1}{(\rho+1)!}\left(\frac{\mathrm{d}^{\rho+1} t}{\mathrm{d}D^{\rho+1}}\right)_f\right]^{\frac{1}{\rho+1}} (t_f - t)^{\frac{1}{\rho+1}} \tag{5-69}$$

两边对时间求导可得

$$\frac{\mathrm{d}D}{\mathrm{d}t} \approx -\frac{1}{\rho+1}\left[-\frac{1}{(\rho+1)!}\left(\frac{\mathrm{d}^{\rho+1} t}{\mathrm{d}D^{\rho+1}}\right)_f\right]^{-\frac{1}{\rho+1}} (t_f - t)^{-\left(1-\frac{1}{\rho+1}\right)} \tag{5-70}$$

于是统一得到了损伤率的临界幂律奇异性趋势的一般表达[27,28]

$$\frac{\mathrm{d}D}{\mathrm{d}t} \propto (t_f - t)^{-\beta_s} \tag{5-71}$$

其中

$$\beta_5 = 1 - \frac{1}{\rho} \tag{5-72}$$

由式(5-60)应变率的表达式，并将式(5-70)代入，整理后有[27,28]

$$\frac{\mathrm{d}\varepsilon}{\mathrm{d}t} \approx -\frac{\sigma_0}{E_0} \frac{1}{\rho+1} \left[-\frac{1}{(\rho+1)!} \left(\frac{\mathrm{d}^{\rho+1} t}{\mathrm{d} D^{\rho+1}} \right)_{\mathrm{f}} \right]^{-\frac{1}{\rho+1}} (t_{\mathrm{f}} - t)^{-\left(1+\frac{1}{\rho+1}\right)} \tag{5-73}$$

于是得到了此种情况下，应变率幂律奇异性前兆趋势的一般性关系[27,28]

$$\frac{\mathrm{d}\varepsilon}{\mathrm{d}t} \propto \left(t_{\mathrm{f}} - t \right)^{-\beta_6} \tag{5-74}$$

其中，

$$\beta_6 = 1 + \frac{1}{\rho} \tag{5-75}$$

由式(5-23)可以看出，均匀分布的概率密度函数临近破坏 $t \to t_{\mathrm{f}}$ 时，有 $\lim\limits_{t \to t_{\mathrm{f}}} \dfrac{p(T(t))}{(1-D(t))} = \dfrac{1}{T_{\mathrm{b}} - T_{\mathrm{a}}}$，为有限值，所以式(5-34)、式(5-38)分别与式(5-71)、式(5-74)保持了一致，并且临界幂律奇异性指数取值也分别相同[27,28]。

2) 单元寿命概率密度函数趋于零时的幂律奇异性指数

本节考虑单元寿命概率密度函数在 $t \to t_{\mathrm{f}}$ 时，趋于零的情况，即如果有

$$\lim_{t \to t_{\mathrm{f}}} p(T(t)) = 0 \tag{5-76}$$

又考虑到

$$\lim_{t \to t_{\mathrm{f}}} p(1-D(t)) = 0 \tag{5-77}$$

假设

$$\lim_{t \to t_{\mathrm{f}}} \frac{p(T(t))}{(1-D(t))^m} = a \tag{5-78}$$

其中，$m > 0$，a 为常数。当 $t \to t_{\mathrm{f}}$ 时，式(5-65)所示的损伤率可以写为

$$\frac{\mathrm{d}D}{\mathrm{d}t} \approx \alpha \left[1 - D(t) \right]^m C \sigma_0^\rho \left(\frac{1}{1-D(t)} \right)^\rho \tag{5-79}$$

式(5-79)可以更进一步简化为

$$\frac{\mathrm{d}D}{\mathrm{d}t} \approx \alpha C \sigma_0^\rho \left(\frac{1}{1-D(t)} \right)^{\rho-m} \tag{5-80}$$

为了刻画加速破坏过程，式(5-80)中幂律奇异性指数 $\rho - m$ 应大于 0，于是有

$$\lim_{t \to t_f}\left[\frac{1}{1-D(t)}\right]^{\rho-m} \to \infty \tag{5-81}$$

于是，有 $\left(\mathrm{d}^{\lambda}t/\mathrm{d}D^{\lambda}\right)_f \to 0\,(\lambda < (\rho-m)+1)$，同样，在破坏点附近将时间 $t(D)$ 作为损伤分数 D 的函数进行 Taylor 展开，忽略高于 $\rho+1-m$ 阶的高阶项并经过整理后，有

$$t \approx t_f + \frac{1}{(\rho+1-m)!}\left(\frac{\mathrm{d}^{\rho+1-m}t}{\mathrm{d}D^{\rho+1-m}}\right)_f (D_f - D)^{\rho+1-m} \tag{5-82}$$

于是在破坏时间点邻域内，损伤分数可以表示为

$$D(t) \approx D_f + \left[-\frac{1}{(\rho+1-m)!}\left(\frac{\mathrm{d}^{\rho+1-m}t}{\mathrm{d}D^{\rho+1-m}}\right)_f\right]^{\frac{1}{\rho+1-m}}(t_f - t)^{\frac{1}{\rho+1-m}} \tag{5-83}$$

进一步相对时间 t 求导，可得

$$\frac{\mathrm{d}D}{\mathrm{d}t} \approx -\frac{1}{\rho+1-m}\left[-\frac{1}{(\rho+1-m)!}\left(\frac{\mathrm{d}^{\rho+1-m}t}{\mathrm{d}D^{\rho+1-m}}\right)_f\right]^{\frac{1}{\rho+1-m}}(t_f - t)^{-\left(1-\frac{1}{\rho+1-m}\right)} \tag{5-84}$$

于是同样得到了损伤率的幂律奇异性关系式

$$\frac{\mathrm{d}D}{\mathrm{d}t} \propto (t_f - t)^{-\beta_7} \tag{5-85}$$

其中

$$\beta_7 = 1 - \frac{1}{\rho-m+1} \tag{5-86}$$

将式(5-83)、式(5-84)分别代入式(5-60)，在破坏时间点 t_f 邻域内，应变率可以近似表示为

$$\frac{\mathrm{d}\varepsilon}{\mathrm{d}t} \approx -\frac{\sigma_0}{E_0}\frac{1}{\left[1-D_f-\left[-\dfrac{1}{(\rho+1-m)!}\left(\dfrac{\mathrm{d}^{\rho+1-m}t}{\mathrm{d}D^{\rho+1-m}}\right)_f\right]^{\frac{1}{\rho+1-m}}(t_f-t)^{\frac{1}{\rho+1-m}}\right]^2}$$

$$\times \frac{1}{\rho+1-m}\left[-\frac{1}{(\rho+1-m)!}\left(\frac{\mathrm{d}^{\rho+1-m}t}{\mathrm{d}D^{\rho+1-m}}\right)_f\right]^{\frac{1}{\rho+1-m}}(t_f-t)^{-\left(1-\frac{1}{\rho+1-m}\right)} \tag{5-87}$$

由于 $D(t_f) = 1$，上式可变换为

$$\frac{d\varepsilon}{dt} \approx -\frac{\sigma_0}{E_0} \frac{1}{\rho+1-m} \left[-\frac{1}{(\rho+1-m)!} \left(\frac{d^{\rho+1-m}t}{dD^{\rho+1-m}} \right)_f \right]^{-\frac{1}{\rho+1-m}} (t_f-t)^{-\left(1+\frac{1}{\rho+1-m}\right)} \quad (5\text{-}88)$$

于是得出应变率的幂律奇异性趋势的表达式为

$$\frac{d\varepsilon}{dt} \propto (t_f-t)^{-\beta_8} \quad (5\text{-}89)$$

其中

$$\beta_8 = 1 + \frac{1}{\rho-m+1} \quad (5\text{-}90)$$

由式(5-41)和式(5-43)可以看出，对于 Weibull 分布，其概率密度分布函数为

$$p(T) = \exp\left[-T^\theta\right]\theta T^{\theta-1} = (1-D)\theta T^{\theta-1} \quad (5\text{-}91)$$

在临近破坏 $t \to t_f$ 时，有

$$\lim_{t \to t_f} \frac{p(T(t))}{(1-D(t))} = \theta T^{\theta-1} \quad (5\text{-}92)$$

于是，当细观单元数量为有限个时，$\theta T^{\theta-1}$ 为常数，此时对应于式(5-78)中的 $m=1$。于是，将 $m=1$ 代入式(5-85)、式(5-86)和式(5-89)、式(5-90)，即可得到与式(5-58)、式(5-59)和式(5-63)、式(5-64)一致的结果。

3) 单元寿命概率密度函数趋于无穷大时的临界幂律奇异性指数

本节来分析 $t \to t_f$ 时，细观单元的寿命阈值分布的概率密度函数 $p(T)$ 趋于无穷大时的情况。此时

$$\lim_{t \to t_f} p(T(t)) = \infty \quad (5\text{-}93)$$

由

$$\lim_{t \to t_f} \left(\frac{1}{1-D(t)} \right) \to \infty \quad (5\text{-}94)$$

我们假设

$$\lim_{t \to t_f} \frac{p(T(t))}{\left(\dfrac{1}{1-D(t)} \right)^n} = b \quad (5\text{-}95)$$

其中，$n>0$，b 为常数。当 $t \to t_f$ 时，式(5-65)所示的损伤率可以写为

$$\frac{\mathrm{d}D}{\mathrm{d}t} \approx b\left(\frac{1}{1-D}\right)^{n} C\sigma_0^{\rho}\left(\frac{1}{1-D}\right)^{\rho} \tag{5-96}$$

将式(5-96)进一步整理后可得

$$\frac{\mathrm{d}D}{\mathrm{d}t} \approx bC\sigma_0^{\rho}\left(\frac{1}{1-D}\right)^{\rho+n} \tag{5-97}$$

这里主要分析的加速破坏过程，式(5-97)中指数 $\rho+n>0$，从而

$$\lim_{t\to t_f}\left[\frac{1}{1-D(t)}\right]^{\rho+n}\to\infty \tag{5-98}$$

于是，有 $\left(\mathrm{d}^{\lambda}t/\mathrm{d}D^{\lambda}\right)_f\to 0\,(\lambda<(\rho+n)+1)$，同样，在破坏点附近将时间 $t(D)$ 作为损伤分数 D 的函数进行 Taylor 展开，忽略高于 $(\rho+n)+1$ 阶的高阶项并经过整理后有

$$t\approx t_f+\frac{1}{(\rho+1+n)!}\left(\frac{\mathrm{d}^{\rho+1+n}t}{\mathrm{d}D^{\rho+1+n}}\right)_f(D_f-D)^{\rho+1+n} \tag{5-99}$$

于是损伤分数

$$D(t)\approx D_f+\left[-\frac{1}{(\rho+1+n)!}\left(\frac{\mathrm{d}^{\rho+1+n}t}{\mathrm{d}D^{\rho+1+n}}\right)_f\right]^{\frac{1}{\rho+1+n}}(t_f-t)^{\frac{1}{\rho+1+n}} \tag{5-100}$$

两边对时间 t 求导后，可得损伤率

$$\frac{\mathrm{d}\varepsilon}{\mathrm{d}t}\approx-\frac{1}{\rho+1+n}\left[-\frac{1}{(\rho+1+n)!}\left(\frac{\mathrm{d}^{\rho+1+n}t}{\mathrm{d}D^{\rho+1+n}}\right)_f\right]^{\frac{1}{\rho+1+n}}(t_f-t)^{-\left(1-\frac{1}{\rho+1+n}\right)} \tag{5-101}$$

于是就导出了损伤率的临界幂律奇异性关系式

$$\frac{\mathrm{d}D}{\mathrm{d}t}\propto(t_f-t)^{-\beta_9} \tag{5-102}$$

其中

$$\beta_9=1-\frac{1}{\rho+n+1} \tag{5-103}$$

将式(5-100)、式(5-101)分别代入式(5-60)，在破坏时间点 t_f 邻域内，该情况下的应变率可以近似表示为

$$\frac{\mathrm{d}\varepsilon}{\mathrm{d}t} \approx -\frac{\sigma_0}{E_0} \frac{1}{\left[1 - D_\mathrm{f} - \left[-\frac{1}{(\rho+1+n)!}\left(\frac{\mathrm{d}^{\rho+1+n}t}{\mathrm{d}D^{\rho+1+n}}\right)_\mathrm{f}\right]^{\frac{1}{\rho+1+n}}(t_\mathrm{f}-t)^{\frac{1}{\rho+1+n}}\right]^2}$$

$$\times \frac{1}{\rho+1+n}\left[-\frac{1}{(\rho+1+n)!}\left(\frac{\mathrm{d}^{\rho+1+n}t}{\mathrm{d}D^{\rho+1+n}}\right)_\mathrm{f}\right]^{\frac{1}{\rho+1+n}}(t_\mathrm{f}-t)^{-\left(1-\frac{1}{\rho+1+n}\right)} \qquad (5\text{-}104)$$

将 $D(t_\mathrm{f})=1$ 代入上式并整理后，可得

$$\frac{\mathrm{d}\varepsilon}{\mathrm{d}t} \approx -\frac{\sigma_0}{E_0}\frac{1}{\rho+1+n}\left[-\frac{1}{(\rho+1+n)!}\left(\frac{\mathrm{d}^{\rho+1+n}t}{\mathrm{d}D^{\rho+1+n}}\right)_\mathrm{f}\right]^{-\frac{1}{\rho+1+n}}(t_\mathrm{f}-t)^{-\left(1+\frac{1}{\rho+1+n}\right)} \qquad (5\text{-}105)$$

于是就导出了应变率的临界幂律奇异性关系式：

$$\frac{\mathrm{d}\varepsilon}{\mathrm{d}t} \propto (t_\mathrm{f}-t)^{-\beta_{10}} \qquad (5\text{-}106)$$

其中

$$\beta_{10} = 1 + \frac{1}{\rho+n+1} \qquad (5\text{-}107)$$

2. 单调线性加载情况下的幂律奇异性

上面主要是研究名义应力保持不变的蠕变加载情况下临界加速破坏的幂律奇异性问题。本小节针对控制名义应力单调增加的情况，特别是控制名义应力根据时间线性加载的情况进行进一步研究。在单调线性加载情况，名义应力可以写为[28]

$$\sigma_0 = Bt \qquad (5\text{-}108)$$

式中，B 为常数。式(5-22)的损伤率可以写为

$$\frac{\mathrm{d}D}{\mathrm{d}t} = p(T)CB^\rho t^\rho \left(\frac{1}{1-D}\right)^\rho \qquad (5\text{-}109)$$

与上文类似，下面考虑细观单元的寿命阈值分布概率密度函数为有限值、趋于 0 和趋于无穷大三种情况，分析临界幂律奇异性指数的取值。式(5-109)与式(5-65)相比，仅右边项 $B^\rho t^\rho$ 代替了 σ_0^ρ。所以，在破坏时刻，t 对 D 的各阶导数中不为 0 的最低阶导数，依旧决定于 $(1-D)^\rho$ 对 D 最低阶的不为 0 的导数。因此，按照上一节相同的推导过程，同样可以得到对应于三种情况的类似的幂律奇异性表达

式和指数关系。

5.2.5　幂律奇异性指数取值的说明与讨论

上面基于连续损伤学，构建了刻画加速破坏的多尺度损伤力学模型，据此导出了不同情况下的临界幂律奇异性关系表达式及对应奇异性指数取值特征。无论是恒力加载的蠕变破坏，还是控制名义应力单调加载时破坏过程，在趋近灾变破坏时点 t_f 的邻域内，损伤率和变形率均呈现出临界幂律奇异性特征。

对应细观单元的寿命阈值分布概率密度函数为有限值、趋于 0 和趋于无穷大三种情况的幂律表达式均可统一地写为一般性的表达式

$$\frac{\mathrm{d}\Omega}{\mathrm{d}t} \propto (t_f - t)^{-\beta} \tag{5-110}$$

Ω 代表的是损伤分数和应变。细观单元寿命阈值概率密度函数为有限值时，对于损伤率幂律奇异性指数

$$\beta = 1 - \frac{1}{\rho} \tag{5-111}$$

对于应变率

$$\beta = 1 + \frac{1}{\rho} \tag{5-112}$$

对于此种情况的一个典型的实例是，细观单元寿命阈值为均匀分布的情况。

当细观单元寿命阈值的概率密度函数值在破坏时刻趋于 0 时，其对应的损伤率的幂律奇异性指数

$$\beta = 1 - \frac{1}{\rho + 1 - m} \tag{5-113}$$

相应地，应变率的幂律奇异性指数

$$\beta = 1 + \frac{1}{\rho + 1 - m} \tag{5-114}$$

这里的 m 是小于 ρ 的参数。此种情况对应的一个典型的实例，是细观单元寿命阈值为 Weibull 分布的情况，此时对应于式(5-113)和(5-114)中 $m = 1$ 的情况。

对于细观单元寿命阈值概率密度函数值在 $t \to t_f$ 时趋于无穷的情况，损伤率的幂律奇异性指数为

$$\beta = 1 - \frac{1}{\rho + 1 + n} \tag{5-115}$$

相应地，应变率的幂律奇异性指数

$$\beta = 1 + \frac{1}{\rho + 1 + n} \tag{5-116}$$

这里的 n 为大于 0 的参数。

因此，幂律奇异性指数 β 的取值与材料局部寿命对其局部应力依赖的非线性指数 ρ 直接相关。于是上面的解析推导表明，实际测量中临界幂律奇异性指数值的分散性不完全来源于测量精度引起的涨落，而是由其损伤发展的内在物理控制条件所决定。

Lennartz-Sassinek 等[37]也导出了一个类似的幂律奇异性指数表达式

$$\beta = \gamma / (\gamma + 1) \tag{5-117}$$

其中，γ 描述的是局部强度的时间相关的弱化特征。与本节模型中刻画的是材料局部单元的寿命对局部应力的非线性依赖程度不同，Lennartz-Sassinek 等[37]假设的是材料局部强度是时间相关的弱化过程。

实际上，只要 $\rho > 1$，则破坏就是加速发展。由亚临界裂纹扩展率模型，同样可以得到如式(5-10)和(5-19)类似损伤或寿命演变方程[34]，比如，描述亚临界裂纹扩展[38]的 Charles 率[39]

$$V = V_0 \exp(-h / RT) K^\rho \tag{5-118}$$

式中，V 是裂纹扩展速率，K 是应力强度因子，h 是激活熵，R 和 T 分别是气体常数和绝对温度。岩石的拉伸破坏试验结果中，ρ 的值变化范围较大，有的可能为 9.5，有的取值甚至达到 170[34,38]。

5.3　幂律奇异指数与应力重分布尺度的关系

为了说明应力重分布尺度对幂律奇异性指数的影响，需要引入一个具体的计算，这类数值计算中，最直接明了的模型通常采用纤维束系统[40,41]。整个系统由并联纤维组成，每个纤维断裂后，其所承担载荷由其最近邻的单元均衡分担。因此，每一个完好单元承担的应力为

$$\sigma = K \sigma_0 \tag{5-119}$$

其中参数[18]

$$K = 1 + (l + r) / 2 \tag{5-120}$$

式中，l 和 r 分别代表该单元左右两侧已经断裂单元的数量，σ_0 是初始所有单元都完好的初始状态时每个单元分担的应力，也就是外界加载的名义应力。因此 K 代表着应力集中的程度，我们把它称为应力集中因子[18]。

在整体平均场近似时，所有完好单元均匀分担断裂单元释放的载荷。此时，应力集中因子[18]

$$K = \frac{N}{N - N_b(t)} = \frac{1}{1 - N_b / N} \tag{5-121}$$

式中，N_b 是已断裂单元数。因此，每个单元具有相同的应力集中因子承担相同的应力 $\sigma = K\sigma_0$。

这里我们考虑一个介于整体平均场近似和局部平均场近似两种极端情况之间的中间模型。考虑系统是由 N 个细观单元组成的圆形系统，每个细观单元具有左右两边各一个最近邻单元。初始状态时，每个细观单元都是完好的，分担的载荷为 σ_0。所以，总的载荷为 $N\sigma_0$。当有单元断裂时，我们引入一个可变的应力集中因子[18]

$$K = 1 + \frac{l + r}{2}\chi + \frac{N_b}{N - N_b}(1 - \chi) \tag{5-122}$$

其中，χ 是表征应力集中程度的参数，其值在 0 和 1 之间改变。当 $\chi = 0$ 时，即退化为整体平均场近似；当 $\chi = 1$ 时，就变为式(5-120)所示的完全局部平均场近似。由式(5-122)可以看出，断裂单元的载荷部分转移给其两侧完好的最近邻单元，另一部分由其他所有完好的细观单元等量分担。因此，χ 调节的是两者分担的比例，我们称之为应力重分布比例因子。

一个单元经历一个载荷历史 $\sigma(t)(t > 0)$ 后，其在该整个受载历程中消耗的寿命[34,42]

$$T(t) = \int_0^t \kappa(\sigma(s)) \, \mathrm{d}s \tag{5-123}$$

式中，$\kappa(\sigma)$ 与其承担的局部真实应力 σ 通常满足如下的幂律关系[34,38,43]

$$\kappa(\sigma) = \kappa_0 \left(\frac{\sigma}{\eta} \right)^{\rho} \tag{5-124}$$

其中，κ_0 和 η 为常数，ρ 为表征单元损伤对局部真实应力 σ 依赖的非线性指数。

每个细观单元的寿命 T_s 通常满足 Weibull 分布[44]

$$P(T_s) = 1 - \exp[-\Psi(T_s)] \tag{5-125}$$

其中，函数 $\Psi(x)(x \geq 0)$

$$\Psi(x) = x^{\theta} \tag{5-126}$$

θ 为 Weibull 参数。

系统的损伤率[18]

$$\varsigma(t) = \frac{\delta N_b}{\delta t} \tag{5-127}$$

在整理平均场近似($\chi = 0$)下，幂律奇异性因子指数β随ρ的变化曲线。可以看出，ρ越大，损伤演化时程曲线在临近灾变破坏点时加速过程越陡(图 5-2(a))，对应的损伤率$\gamma(t)$与临近破坏时间的双对数图线性段斜率越大(图 5-2(b))，即奇异性指数β越大[18]。图 5-3 给出了不同ρ取值的数值计算结果[18,28]。图中曲线表明奇异性指数β随ρ值的增加而上升。这些数值计算结果正好验证了上面的理论解析分析的结论。

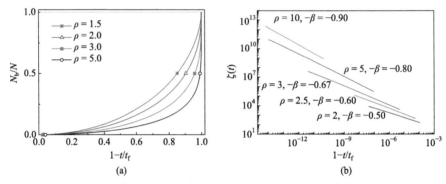

图 5-2　不同ρ取值时损伤演化时程曲线[18]。(a)损伤时程曲线；(b)损伤率与距离破坏时间双对数图示出临界幂指数与ρ的关系。Monte Carlo 模拟计算结果：$\theta = 2$，$\sigma_0/\eta = 1.0$，$\kappa_0 = 1.0$，单元数量 $N = 30000$

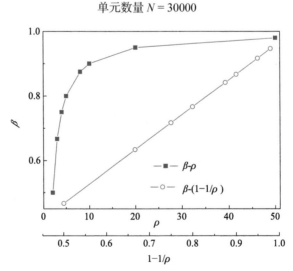

图 5-3　幂律奇异性指数β取值对ρ的依赖关系[18]

图 5-4 给出了$\rho = 2$，Monte Carlo 模拟的不同χ取值时系统的损伤演化过程。

可以看出，随着 χ 的增加，临近破坏时损伤加速过程越陡[18]。图 5-5(a)给出了不同 χ 取值时损伤率 $\varsigma(t)$ 与趋近破坏时间的双对数图。可以看出，损伤率 $\varsigma(t)$ 具有明显的临界幂律奇异性前兆趋势

$$\varsigma(t) \propto (t_f - t)^{-\beta} \tag{5-128}$$

式中，t_f 是整个系统完全破坏的时间。

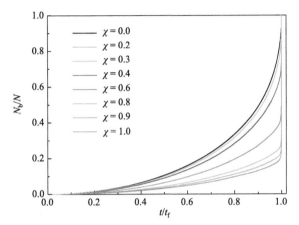

图 5-4　不同 χ 取值时系统的损伤演化时程

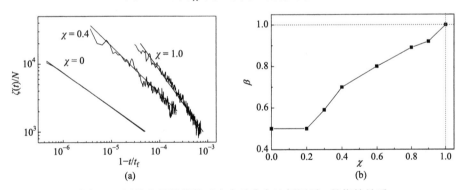

图 5-5　幂律奇异性指数对应力重分布比例因子 χ 的依赖关系

对于整体平均场近似($\chi = 0$)，幂律奇异性指数 $-\beta = -0.5$；完全局部平均场近似($\chi = 1.0$)，$-\beta = -1.0$；两种极端状态之间情况($\chi = 0.4$)，$-\beta = -0.70$。为进一步说明奇异性幂指数 β 取值与 χ 的关系，图 5-5(b)给出了 $\rho = 2$ 时幂律奇异性指数 β 与 χ 的关系曲线。可以看出，随着 χ 在 0 和 1 之间变化，幂律奇异性指数 β 随着 χ 单调增加到 1。因此 χ 越大，幂律奇异性指数 β 值越大。

从物理原理上说，幂律奇异性指数 β 取值对 χ 和 ρ 的依赖关系本质上是一致的。因为，ρ 是代表单元损伤对局部应力依赖的非线性特征。ρ 越大，损伤对局

部应力依赖的非线性程度越大。参数χ代表的是单元断裂时应力重分布在局部集中的程度。χ越大，应力重分布的局部集中程度越大。所以，两者本质上都反应的是损伤发展的关联尺度特征。

参 考 文 献

[1] Voight B. A method for prediction of volcanic eruptions[J]. Nature, 1988, 332: 125-130.

[2] Voight B. A relation to describe rate-dependent material failure[J]. Science, 1989, 243: 200-203.

[3] Voight B, Cornelius R R. Prospects for eruption prediction in near real-time[J]. Nature, 1991, 350: 695-698.

[4] Kilburn C R J, Voight B. Slow rock fracture as eruption precursor at Soufriere Hills ,volcano, Montserrat[J]. Geophys Res Lett, 1998, 25(19): 3665-3668.

[5] Petley D N, Higuchi T, Petley D J, et al. Development of progressive landslide failure in cohesive materials[J]. Geology, 2005, 33(3): 201-204.

[6] Hao S W, Zhang B J, Tian J F, et al. Predicting time-to-failure in rock extrapolated from secondary creep[J]. J Geophys Res Solid Earth, 2014, 119(3): 1942-1953.

[7] Hao S W, Rong F, Lu M F, et al. Power-law singularity as a possible catastrophe warning observed in rock experiments[J]. Int J Rock Mech Min Sci, 2013, 60: 253-262.

[8] Nechad H, Helmstetter A, El Guerjouma R, et al. Creep ruptures in heterogeneous materials[J]. Phys Rev Lett, 2005, 94: 045501.

[9] Hao S W, Yang H, Elsworth D. An accelerating precursor to predict "time-to-failure" in creep and volcanic eruptions[J]. J Volcanol Geotherm Res, 2017, 343: 252-262.

[10] Hao S W, Yang H, Liang X Z. Catastrophic failure and critical scaling laws of fiber bundle material[J]. Materials, 2017, 10(5): 515-614.

[11] Cornelius R R, Scott P A. A materials failure relation of accelerating creep as empirical description of damage accumulation[J]. Rock Mech Rock Eng, 1993, 26: 233-252.

[12] Main I G. Applicability of time-to-failure analysis to accelerated strain before earthquakes and volcanic eruptions[J]. Geophys J Int, 1999, 139: F1-F6.

[13] Main I G. A damage mechanics model for power-law creep and earthquake aftershock and foreshock sequences[J]. Geophys J Int, 2000, 142: 151-161.

[14] Sornette D. Predictability of catastrophic events: Material rupture, earthquakes, turbulence, financial crashes, and human birth[J]. Proc Natl Acad Sci USA, 2002, 99(Suppl 1): 2522-2529.

[15] Turcotte D L, Newman W I, Shcherbakov R. Micro and macroscopic models of rock fracture[J]. Geophys J Int, 2003, 152: 718-728.

[16] Bell A F, Naylor M, Heap M J, et al. Forecasting volcanic eruptions and other material failure phenomena: An evaluation of the failure forecast method[J]. Geophys Res Lett, 2011, 38(15): L15304.

[17] Boué A, Lesage P, Cortés G, et al. Real-time eruption forecasting using the material failure forecast method with a bayesian approach[J]. J Geophys Res, 2015, 120(4): 2143-2161.

[18] Zhou S J, Hao S W, Elsworth D. Magnitude and variation of the critical power law exponent

and its physical controls[J]. Physica A, 2018, 510: 552-557.

[19] Xue J, Hao S W, Wang J, et al. The changeable power law singularity and its application to prediction of catastrophic rupture in uniaxial compressive tests of geomedia[J]. J Geophys Res Solid Earth, 2018, 123(4): 2645-2657.

[20] Cornelius R R, Voight B. Graphical and PC-software analysis of volcano eruption precursors according to The Materials Failure Forecast Method (FFM)[J]. J Volcanol Geotherm Res, 1995, 64: 295-320.

[21] Kilburn C R J. Multiscale fracturing as a key to forecasting volcanic eruptions[J]. J Volcanol Geotherm Res, 2003, 125: 271-289.

[22] Smith R, Kilburn C R J. Forecasting eruptions after long repose intervals from accelerating rates of rock fracture: The June 1991 eruption of Mount Pinatubo, Philippines[J]. J Volcanol Geotherm Res, 2010, 191: 129-136.

[23] Heap M J, Baud P, Meredith P G, et al. Brittle creep in basalt and its application to time-dependent volcano deformation[J]. Earth Planet Sci Lett, 2011, 307(1-2): 71-82.

[24] Hao S W, Liu C, Lu C S, et al. A relation to predict the failure of materials and potential application to volcanic eruptions and landslides[J]. Sci Rep, 2016, 6: 27877.

[25] Hao S W, Zhang B J, Tian J F. Relaxation creep rupture of heterogeneous material under constant strain[J]. Phys Rev E, 2012, 85(1): 012501.

[26] 薛健. 非均匀介质在压缩载荷下灾变破坏的幂律奇异性前兆及灾变预测[D]. 北京: 中国科学院力学研究所, 2018.

[27] 周孙基, 程磊, 王立伟, 等. 连续损伤力学基临界奇异指数与破坏时间预测[J]. 力学学报, 2019, 51(5): 1372-1380.

[28] 周孙基. 加速破坏的临界幂律奇异性与破坏时间预测方法研究[D]. 秦皇岛: 燕山大学, 2019.

[29] 卡恰诺夫 L M. 连续介质损伤力学引论[M]. 杜善义, 王殿富, 译. 哈尔滨: 哈尔滨工业大学出版社, 1989.

[30] Krajcinovic D, Rinaldi A. Statistical damage mechanics—part I: theory [J]. Journal of applied mechanics, 2005, 72(1): 76-85.

[31] 余寿文, 冯西桥. 损伤力学[M]. 北京: 清华大学出版社, 1997.

[32] 冯西桥, 余寿文. 准脆性材料细观损伤力学[M]. 北京: 高等教育出版社, 2002.

[33] Kachanov L M. Rupture time under creep conditions[J]. International Journal of Fracture. 1999, 97(1-4): 11-18.

[34] Newman W, Phoenix S. Time-dependent fiber bundles with local load sharing[J]. Phys Rev E, 2001, 63(2): 021507.

[35] 荣峰. 非均匀脆性介质损伤演化的多尺度数值模拟[D]. 北京: 中国科学院力学研究所, 2006.

[36] 郝圣旺. 非均匀介质的变形局部化、灾变破坏及临界奇异性[D]. 北京: 中国科学院力学研究所, 2007.

[37] Lennartz-Sassinek S, Main I G, Danku Z, et al. Time evolution of damage due to environmentally assisted aging in a fiber bundle model[J]. Phys.Rev E, 2013, 88: 032802.

[38] Atkinson B K. Subcritical crack growth in geological materials[J]. J Geophys Res, 1984, 89: 4077-4114.

[39] Charles R. The static fatigue of glass[J]. J Appl Phys, 1958, 29: 1549-1560.

[40] Harlow D G, Phoenix S L. The chain-of-bundles probability model for the strength of fibrous materials I: Analysis and Conjectures[J]. J Compos Mater, 1978, 12(2) :195-214.

[41] Harlow D G, Phoenix S L. Chain-of-bundles probability model for the strength of fibrous materials. II. A numerical study of convergence[J]. J. Compos. Mater, 1978, 12(3): 314-334.

[42] Coleman B D. Statistics and time dependence of mechanical breakdown in fibers[J]. J Appl Phys, 1958, 29(6): 968-983.

[43] Curtin W A, Pamel M, Scher H. Time-dependent damage evolution and failure in materials. II. Simulations[J]. Phys Rev B, 1997, 55(18): 12051-12061.

[44] Weibull W. A Statistical Theory of the Strength of Materials[M]. Stockholm: Generalstabens litografiska anstalts förlag,1939.

第6章 临灾预测方法

6.1 幂律奇异性指数不确定带来的预测挑战

在揭示了幂律奇异性前兆加速规律的前提下，探索据此进行灾变破坏预测的方法就成为了一个顺理成章的追求。经过一个简单的整理，幂律奇异性前兆表达式(1-4)可以改写为[1-5]

$$\dot{\Omega}^{-1/\beta} = k^{-1/\beta}\left(t_{\mathrm{f}} - t\right) \tag{6-1}$$

所以，$\dot{\Omega}^{-1/\beta}$ 与时间 t 呈线性关系，且在灾变破坏时刻 t_{f}，$\dot{\Omega}^{-1/\beta} = 0$。如前所述，$\Omega$ 代表的是变形、损伤事件等响应量聚集量。在实际应用中，在对这些信息进行监测后，计算出其变化率 $\dot{\Omega}$，并计算出 $\dot{\Omega}^{-1/\beta}$，再作出 $\dot{\Omega}^{-1/\beta}$ 与时间的关系图，譬如图 6-1 中的五角星散点即代表监测计算得到的 $\dot{\Omega}^{-1/\beta}$ 数据点。然后，在 $\dot{\Omega}^{-1/\beta}$ 与时间 t 关系图上，进行线性外推，如图 6-1(a)中的点划线，外推直线与时间轴交点即为破坏时间[1-7](图 6-1(a))，于是可实现破坏时间 t_{f} 的预测。当然，也可以直接编写线性拟合程序，直接得出 t_{f} 预测值。

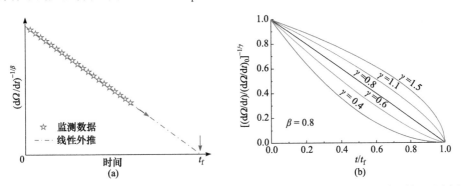

图 6-1　基于幂律行为预测破坏时间的方法及挑战示意图。(a)线性外推预测破坏时间；图中的五角星散点代表监测数据点，点划线是拟合后的外推直线，外推直线与时间轴的交点即为预测的破坏时间。(b) $\dot{\Omega}^{-1/\gamma}$ 与时间 t/t_{f} 关系图

实验室试验[8-10]、滑坡[11,12]、火山喷发[3,4,6, 9,12-14]和结构的健康监测[11]等预测探索，均广泛证实了该预测方法预测破坏时间的有效性和可行性。同时，许多方法[15-25]被建议用来评估和改进实际应用中的预测效果与精度。

需要注意的是，由式(6-1)可以看出，在破坏前，临界幂律奇异性指数 β 是一个未知量。实际预测中，如果所取的幂律奇异性指数值不等于真实值 β，例如取值为 γ，则在 $\dot{\Omega}^{-1/\gamma}$ 与时间 t 的关系图上，将会偏离 $\dot{\Omega}^{-1/\beta}$ 与时间 t 本来的线性关系[1-4,6,7](图 6-1(b))。当所取 γ 值大于真实值 β 时，曲线是上凸的；而当所取 γ 值小于 β 时，曲线呈下凹形状。

正如第 4、5 章试验与实地测量、理论解析与数值计算结果所表明的那样，幂律奇异性指数 β 的取值呈现着物理上的分散性，在不同的样本中取值不尽相同[1,2]。由幂律奇异性加速前兆特征可知，在破坏前幂律奇异性指数 β 的取值是未知的，只有在破坏发生后的后验检验才能得到 β 的真实值。因此，在破坏前，幂律奇异性指数 β 取值的不确定性，成为了实际应用中进行破坏时间预测的关键制约因素和挑战，也是据此进行灾变破坏预测需要处理的关键问题。

6.2　单参数前兆与预测

6.2.1　理论原理

为应对基于幂律奇异性前兆进行灾变破坏预测的挑战，这里进一步导出一个更简洁的前兆过程表达式，对其进行验证，并进行预测探索。当 $\alpha > 1$ 时，由 $\ddot{\Omega} = -\dot{\Omega}^2 \, \mathrm{d}\dot{\Omega}^{-1} / \mathrm{d}t$ 可以将 Voight 关系[3,4]

$$\dot{\Omega}^{-\alpha} \ddot{\Omega} - A = 0 \tag{6-2}$$

进一步改写为[23]

$$A = -\dot{\Omega}^{2-\alpha} \, \mathrm{d}\dot{\Omega}^{-1} / \mathrm{d}t = -\left(\dot{\Omega}^{-1}\right)^{\alpha-2} \mathrm{d}\dot{\Omega}^{-1} / \mathrm{d}t = -\frac{1}{\alpha-1} \frac{\mathrm{d}\left(\dot{\Omega}^{-1}\right)^{\alpha-1}}{\mathrm{d}t}$$

$$= \frac{1}{1-\alpha} \frac{\mathrm{d}\dot{\Omega}^{1-\alpha}}{\mathrm{d}t} \tag{6-3}$$

当 $\alpha = 1$ 时，有

$$A = -\dot{\Omega} \, \mathrm{d}\dot{\Omega}^{-1} / \mathrm{d}t \tag{6-4}$$

很容易得出，当 $\alpha = 2$ 时，

$$A = -\mathrm{d}\dot{\Omega}^{-1}/\mathrm{d}t \tag{6-5}$$

这表明参数 A 具有与 $\mathrm{d}\dot{\Omega}^{-1}/\mathrm{d}t$ 相同的量纲，反映的是监测响应量 Ω 的一个特征尺度。该尺度应与样本的自身特性直接相关，因此其取值具有样本差异。这一点在实际测量数据中也有着很好的印证，如 Voight[26] 的三个实测数据有着相同的指数值 $\alpha = 2$，但 A 的值不同。因此，参数 A 是一个反应样本本身特征的参数。

对式(6-3)积分后，由 $\dot{\Omega}_f^{1-\alpha} = 0$，有 $\alpha > 1$ 时[23]

$$\dot{\Omega}^{1-\alpha} = -A(1-\alpha)(t_f - t) \tag{6-6}$$

联合式(6-2)，得出[23]

$$\dot{\Omega}\,\ddot{\Omega}^{-1} = C(t_f - t) \tag{6-7}$$

参数 $C = (\alpha - 1)$，t_f 代表破坏时间。当 $\alpha = 1$ 时，式(6-4)给出[1,8]

$$\dot{\Omega}\,\ddot{\Omega}^{-1} = 1/A \tag{6-8}$$

等式(6-7)表明 $\dot{\Omega}\,\ddot{\Omega}^{-1}$ 随距离破坏时间 $(t_f - t)$ 呈线性下降，斜率为 $\alpha - 1$。据此，将 $\dot{\Omega}\,\ddot{\Omega}^{-1}$ 与时间 t 关系进行线性外推，外推直线与时间 t 轴的交点即为破坏时间 t_f。这个方法的重要意义在于，在未知幂律奇异性指数 β 的情况下，由响应量聚集量的监测，计算出其演变率和加速度，即可以直接预测破坏时间。

类似地，对于率无关的脆性损伤材料，同样可以得到类似于式(6-7)的单参数前兆关系[1,23]

$$\frac{\mathrm{d}R}{\mathrm{d}\lambda}\left(\frac{\mathrm{d}^2 R}{\mathrm{d}\lambda^2}\right)^{-1} = C(\lambda_f - \lambda) \tag{6-9}$$

与前面定义类似，R 代表响应量，λ 代表控制量。式(6-7)、(6-9)即为单参数前兆破坏趋势。

图 6-2 给出的是控制边界名义应力 σ 单调增加时，基于应变定义的响应函数 $(\mathrm{d}\varepsilon/\mathrm{d}\sigma)/(\mathrm{d}^2\varepsilon/\mathrm{d}\sigma^2)$ 趋向于灾变破坏点时呈现的单参数前兆趋势。图 6-3、图 6-4 分别为控制边界位移 ε_0 单调增加时，基于应变和损伤定义的响应函数 $(\Delta\varepsilon/\Delta\varepsilon_0)/(\Delta^2\varepsilon/\Delta\varepsilon_0^2)$ 和 $(\Delta D/\Delta\varepsilon_0)/(\Delta^2 D/\Delta\varepsilon_0^2)$ 趋向于灾变破坏时点时呈现的单参数前兆趋势。与前文所述类似，在控制边界名义应变加载模式中，应变 ε 是损伤体的应变，而边界位移是损伤体变形和弹性场变形的和。与前面章节一致，图中的 θ 为表征损伤体非均匀性的 Weibull 模数，k 为损伤体与弹性场的初始刚度比。

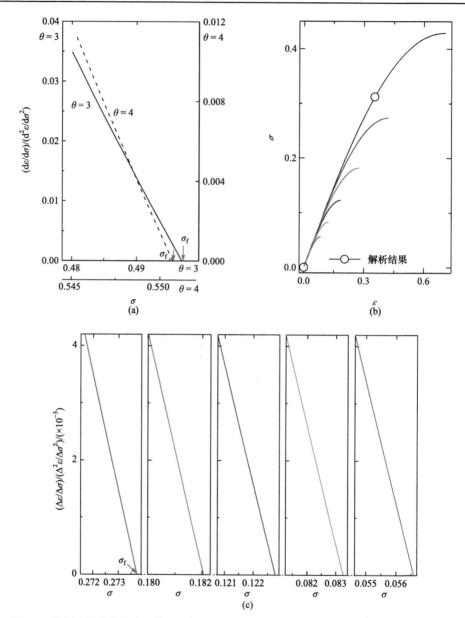

图 6-2　控制边界名义应力 σ 单调增加的加载模式中灾变破坏的单参数线性前兆趋势[23]。
(a)不同 Weibull 模数 θ 值时的单参数线性前兆趋势；(b)Monte Carlo 模拟与解析结果的
名义应力-应变曲线；(c)对应(b)图中 5 种情况的单参数线性前兆

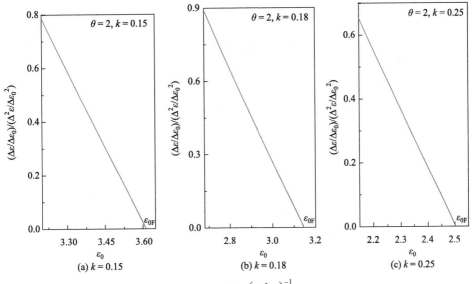

图 6-3 控制边界位移 ε_0 加载时 $\dfrac{\Delta\varepsilon}{\Delta\varepsilon_0}\left(\dfrac{\Delta^2\varepsilon}{\Delta\varepsilon_0^2}\right)^{-1}$ 与位移 ε_0 曲线临近灾变

破坏的单参数线性前兆[24]

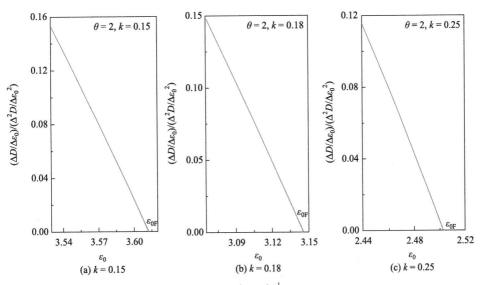

图 6-4 控制边界位移 ε_0 加载时 $\dfrac{\Delta D}{\Delta\varepsilon_0}\left(\dfrac{\Delta^2 D}{\Delta\varepsilon_0^2}\right)^{-1}$ 与位移 ε_0 曲线临近灾变破坏的

单参数线性前兆[24]

6.2.2 单参数前兆的试验校验

图 6-5 所示为花岗岩试样脆性蠕变破坏试验中，应变率及其加速度通向灾变破坏的时程曲线[1,24]。试验中，应变演变率和加速度均呈现快速加速演变。图 6-6 是三个花岗岩试样 $\dot{\varepsilon}\ddot{\varepsilon}^{-1}$ 的演变时程，临近破坏过程均呈现出式(6-7)所示的明显线性趋势。需要指出的是，仅仅临近破坏时刻的数据才符合该前兆性线性趋势，距离破坏时间较远的数据明显偏离了该前兆特征，所以，实际应用中，仅仅临近破坏的数据才能用来进行灾变破坏时间的有效预测[1,24]。

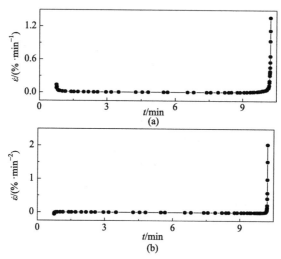

图 6-5　花岗岩试样脆性蠕变破坏应变率和加速度时程[1,24]。(a)应变率；(b)加速度

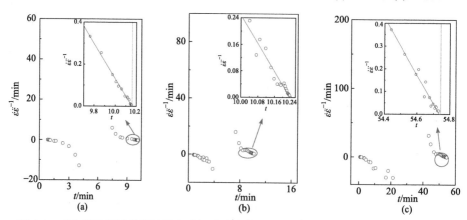

图 6-6　三个花岗岩试样脆性蠕变破坏试验中典型的 $\dot{\varepsilon}\ddot{\varepsilon}^{-1}$ 演变时程[1,24]。(a)花岗岩 1；
(b)花岗岩 2；(c)花岗岩 3。其中，每幅图中的内插图是临近破坏过程的放大图，
竖直的虚线标识的是破坏时间

6.2.3　基于单参数前兆预测方法与预测检验

1. 预测处理的两种方法

为了进行破坏时间的预测检验，假设破坏时间是未知的，且仅仅截止到某个时间 $t*$ 的数据是采集到的已知数据，该时刻之后的数据均是未知的。基于变形监测数据，计算直到当前时刻 $t*$ 的变形(应变)演变率和加速度时程。然后，基于最小二乘线性拟合趋向当前时刻 $t*$ 的线性趋势，并延长外推至与时间轴相交，即得到当前预测的破坏时间结果。

为了检验预测效果，选择两种方式进行预测[1]。第一种是固定预测数据选用的初始时刻，自该时刻开始直至当前时刻的所有数据均用来进行线性外推预测。这种方法中，由于用来预测数据的初始时刻是固定的，所以，随着时间逐渐向破坏时间靠近，采集的数据越来越多，用来预测的数据点也随着时间越来越增多。因此，我们称该方法为"累积数据方法"[1]。第二种方法正好与此对应，每次预测用数据的时间窗口是固定，即预测数据的起始时刻是变化的，预测时仅仅用直到当前时刻 $t*$ 最近的数据，超过该时间窗口之前的数据均不用。这种方法相当于预测所用数据的时间窗口随着时间逐渐向破坏时刻靠近而不断向前移动，因此，我们称之为"滑动窗口方法"[1]。对于第二种方法，也可以采用固定数据的数量来代替固定时间窗口。

2. 实验室预测结果与分析

在上述"累积数据方法"和"滑动窗口方法"两种方法中，预测均是随着采样时刻 $t*$ 逐渐向破坏时间 t_f 靠近一步一步进行。三个试样用两种方法预测的过程和结果如图 6-7、图 6-8 所示[1]。两种方法均给出了较稳定的预测结果，预测结果与破坏时间吻合较好。因此，为了改进预测结果和给出更早的预警，数据的采集

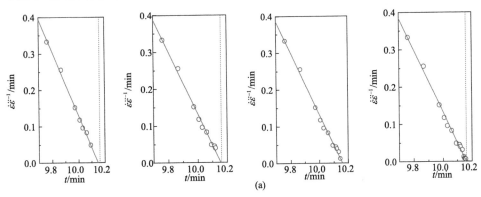

(a)

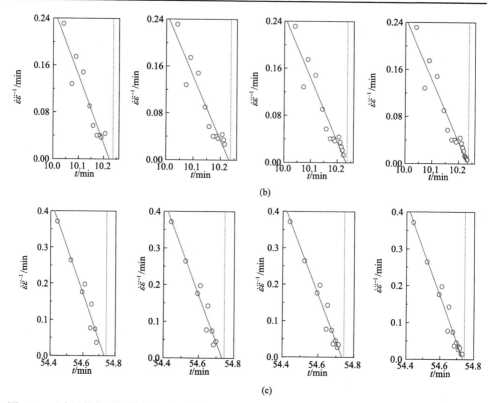

图 6-7　三个试样的累积数据方法预测结果[1]。(a)花岗岩 1；(b)花岗岩 2；(c)花岗岩 3。图中蓝色圆圈是监测数据，红色实线为线性拟合数据，拟合直线与时间轴(横轴)的交点为预测的破坏时间，竖直虚线标识的是实际破坏时间

宜越早越好，这在实际监测中会耗时耗力，在经济上投入也会较多。由于实际中灾变破坏的不确定性，经常会出现"监"而未"灾"的情况，如滑坡中"监而未滑"，地震监测中的"监而未震"，或者是"滑而未监"、"震而未监"的情况，也给实际监测预报带来更大挑战。

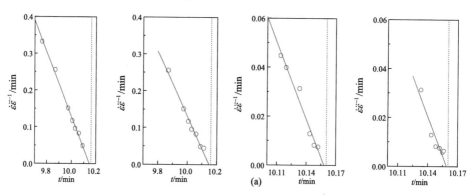

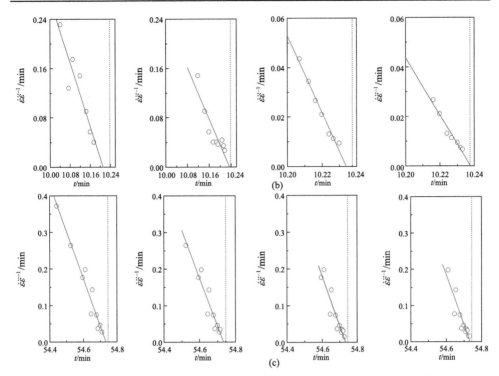

图 6-8　三个试样的滑动窗口方法预测结果[1]。(a)花岗岩 1；(b)花岗岩 2；(c)花岗岩 3。图中蓝色圆圈是监测数据，红色实线为线性拟合数据，拟合直线与时间轴(横轴)的交点为预测的破坏时间，竖直虚线标识的是实际破坏时间

实际应用中，很难提前预知监测数据是否临近破坏时间。通常，我们要在当 $\dot{\varepsilon}\ddot{\varepsilon}^{-1}$ 开始下降时尽早地执行预测。但是，由于早期的数据会明显偏离线性前兆趋势，用这些数据进行预测时，其预测结果会明显偏离实际破坏时间，导致误报或谎报(图 6-9)[1]。相比较而言，采用"滑动窗口方法"预测时，由于每次预测都是用最近的数据，预测结果将会不断改善，当给出稳定预测结果时，表明已临近破坏时间，并能给出更好的预警[1]。

3. 火山喷发实测数据预测效果

上面是实验室数据预测检验与结果。为进一步验证和对照，图 6-10、图 6-11 给出了基于火山喷发实地测量数据的两种方法预测结果。数据来源于 1986 年 10 月 Mount St. Helens [25]和 1960 年 Bezymyanny Volcano 火山喷发数据[3]。两种方法均给出了相近的预测结果，预测结果与实际喷发时间接近。

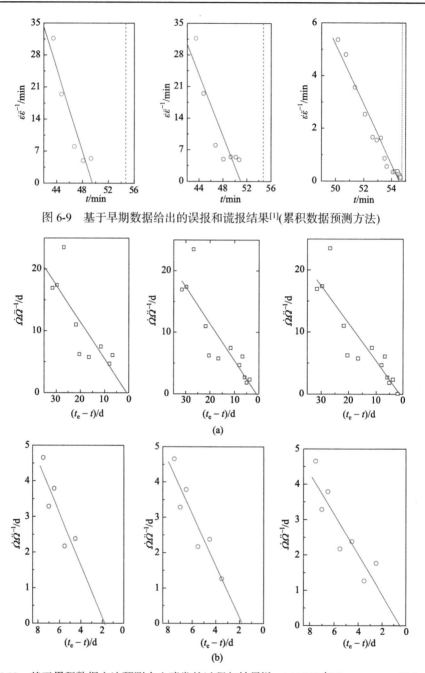

图 6-9　基于早期数据给出的误报和谎报结果[1](累积数据预测方法)

(a)

(b)

图 6-10　基于累积数据方法预测火山喷发的过程与结果[1]。(a)1960 年 Bezymyanny Volcano 火山实地监测数据[3],其中 Ω 为累积地震应变释放率(cumulative seismic strain release)(10^3 $J^{1/2}$); (b)1986 年 10 月 Mount St. Helens[25]火山实地监测数据,其中 Ω 为监测的倾角(tilt)变化 (μ rad)。 t_e 是实际火山喷发发生时间

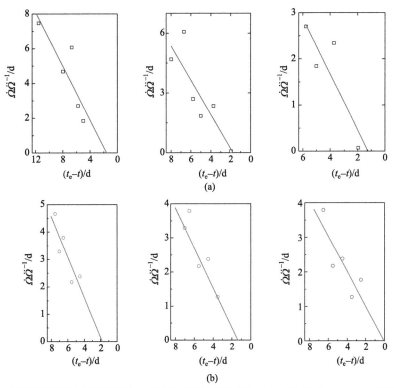

图 6-11　基于滑动窗口方法预测火山喷发的过程与结果[1]。(a)1960 年 Bezymyanny Volcano 火山实地监测数据[3]，其中 Ω 为累积地震应变释放率(10^3 J$^{1/2}$)；(b)1986 年 10 月 Mount St. Helens 火山实地监测数据[25]，其中 Ω 为监测的倾角变化(μ rad)。t_e 是实际火山喷发发生时间

6.3　预估幂律奇异性指数预测破坏时间

6.3.1　预测处理方法

为了应对实际应用中，未知临界奇异性指数$-\beta$带来破坏时间预测的困难，下面我们将进一步推导可能的应用处理方法。在 Voight 经验关系式[3,4,26]

$$\ddot{\Omega}\,\dot{\Omega}^{-\alpha} = A \tag{6-10}$$

中，$\ddot{\Omega}$ 代表 Ω 对时间 t 的二阶导数，在破坏点常数 $A = \beta\,k^{-1/\beta}$，指数

$$\alpha = 1 + \frac{1}{\beta} \tag{6-11}$$

图 6-12 给出的是三个典型花岗岩脆性蠕变破坏试验曲线。研究表明，岩石类

非均匀脆性材料，初始微观上的细小差异，在后期的非线性发展过程中会被放大并导致宏观特性的较大差异[27,28]。这也是三个试样寿命呈现较大差异的主要原因。但是临近破坏时，三个蠕变试样均呈现出明显的临界加速过程。从应变率和加速度演化双对数图(图 6-13)在临近破坏时呈现的较好线性关系可以看出，在加速蠕变阶段，应变加速度与应变率呈现出较好的幂律特征。图 6-13 中直线斜率即为指数 α，三个试样的 α 数值接近于 2，即 β 的值接近于 1。

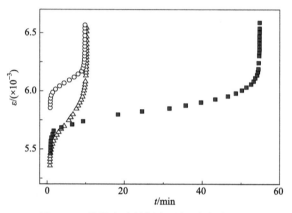

图 6-12　花岗岩脆性蠕变破坏试验曲线[29]

由于破坏前 β 的实际取值是未知的，所以，本节采用一个折中的实时预估方法，即由实测数据计算 $\ddot{\Omega}$ 和 $\dot{\Omega}$，再在加速度 $\ddot{\Omega}$ 与速度 Ω 关系图中，基于式(6-10)拟合 α 值，再由式(6-11)来计算 β 的估算值。然后再由 β 估计值，通过如图 6-1(a)所示方法估算破坏时间 t_{f}。下文将基于花岗岩脆性蠕变破坏试验数据校验上述结果，并对预测方法进行检验证。

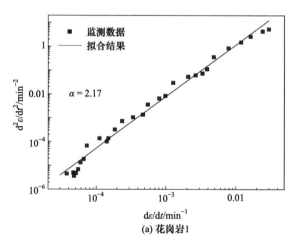

(a) 花岗岩1

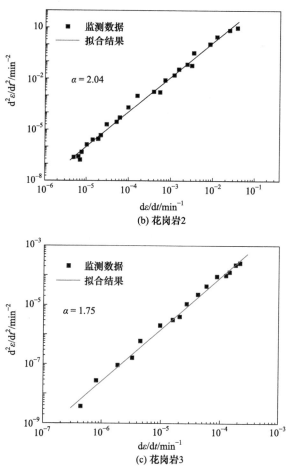

(b) 花岗岩2

(c) 花岗岩3

图 6-13　应变率与加速度双对数图[29]

6.3.2　预测检验与影响因素

下面基于花岗岩脆性蠕变破坏试验数据，基于预估幂律奇异性指数进行预测破坏时间预测，并对其预测效果进行检验。由于在实际监测中，我们仅仅能获取到直到当前时间 t 的数据，而时间 t 之后的"未来"数据，当前是不能获取的。所以，在预测处理中，假设仅获取了截至某一时刻 t 的数据，该时刻之后的"未来"数据在当前是没有的，如图 6-14 所示。

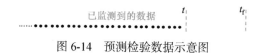

图 6-14　预测检验数据示意图

由于破坏之前，β 值是未知的。所以，在预测处理中，首先基于监测到的变形数据，计算其变化速度和加速度。然后，从应变加速度与速度关系图上，由关系式(6-10)拟合指数 α 值。当然，也可以直接采用最小二乘法等方法，直接编写程序进行拟合。再基于式(6-11)，由 α 值计算 β 值。然后再由现有数据，计算 $\dot{\Omega}^{-1/\beta}$。最后，再在 $\dot{\Omega}^{-1/\beta}$ 与时间 t 曲线上，进行如图 6-1(a)所示的线性外推，外推直线与时间轴交点即为预测的破坏时间。随着时间的推移和新采集的观测数据不断增多，重复上述预测处理方法，不断更新预测结果。

三个试样破坏时间预测结果如图 6-15 所示[29]。为了更好地说明预测效果，在图中右边竖向坐标轴给出了对应的归一化预测结果，同时在上面的横轴给出了归一化的时间。图中水平和竖向的红色虚线标识出的是各试样实际破坏时间。

可以看出，每个试样破坏时间的预测结果都很好地收敛于真实值。随着时间趋近于破坏点，预测结果越好。在临近破坏时间段，预测结果较稳定地聚集在真实值附近[29]。

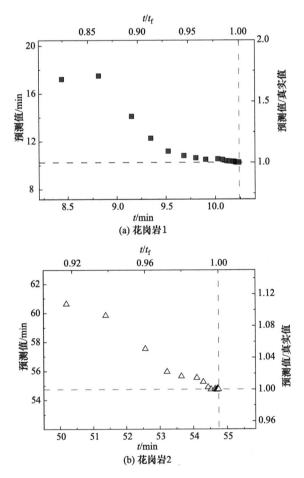

(a) 花岗岩1

(b) 花岗岩2

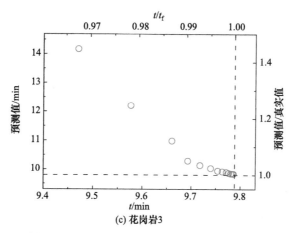

图 6-15　花岗岩脆性蠕变破坏时间预测结果[29]

需要指出的是，虽然该预测方法在试验中显示出了较好的预测效果，但是，实际应用中还存在诸多因素影响着预测效果和预测方法的可行性，这些还需要进一步明确和研究。比如，本节方法在实际应用中会涉及两次数据拟合：一次是由式(6-10)在加速度和速度关系曲线上拟合 α 值；另一次是由 $\Omega^{-1/\beta}$ 与时间 t 关系图进行直线拟合外推预测破坏时间。除了线性拟合带来影响外，还会有计算速度和加速度时求导带来的涨落误差等[1,29-32]的影响。同时，由 Ω 计算 $\dot{\Omega}^{-1/\beta}$ 时，可能会带来数据误差结构的变化。实际预测处理中，监测数据的时间密度和数据点的选择也是影响预测结果的一个重要因素[1,26,31]。所以，探索更高精度的改进预测方法[1,29,30,33]是未来研究的一个重点。不过，从试验结果来看，即便有着这些因素的影响，该预测方法还是表现出了较好的实际应用可能性。

6.4　折算指数法预测破坏时间

6.4.1　预测处理方法

在控制边界位移准静态单调加载时，试验机输出位移 U 为控制量。而 U_F 是 U 在试样灾变破坏时的值。预测处理，同样假定加载变形过程中 t 时刻之前的数据是已知的采集到的数据，而 t 时刻之后还没有发生，因此是未知的。记 U_t 是边界位移 U 在 t 时刻的值[7]。

然后，按照响应函数前兆幂律特征

$$R = k\left(1 - U/U_F\right)^{-\beta} \tag{6-12}$$

作出响应函数 $R = \mathrm{d}u/\mathrm{d}U$ 与 $(1-U/U_t)$ 的时程曲线，如图 6-16 所示。图 6-16(a)是试

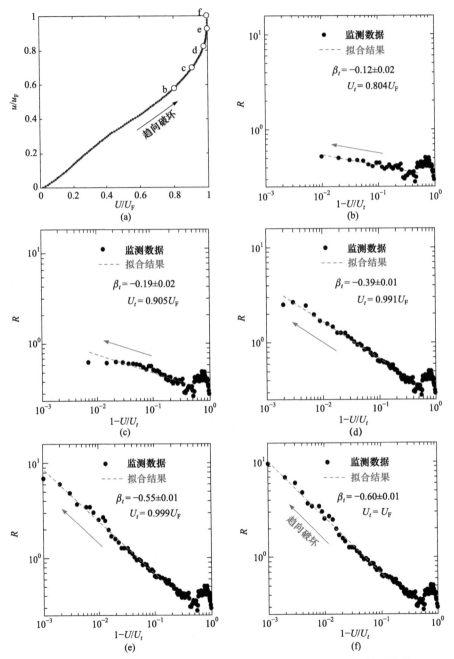

图 6-16　响应函数 R 演化时程[7,34]。(a)通向灾变破坏整个过程的 u/u_{F}-U/U_{F} 关系曲线；(b)~(f)R 与($1-U/U_t$)双对数曲线。U_t 为当前时刻 t 试验机位移

样通向灾变破坏的变形(u/u_F)-位移(U/U_F)完整时程曲线。图中的(b)、(c)、(d)、(e)、(f)表示加载过程中的五个不同时刻,图6-16(b)～(f)给出的是截止至这五个时刻的数据的 R 与 $1-U/U_t$ 双对数曲线[7]。该作法是考虑到灾变破坏前幂律奇异性指数是未知的,尝试用当前时刻 U_t 来代替破坏时刻的 U_F,据此来逐步逼近和预估幂律奇异性指数值[7]。

在这里,为了叙述清楚,将幂律奇异性关系式(6-12)改写为[7]

$$R = B_F \left(1 - U/U_F\right)^{\beta_F} \tag{6-13}$$

对应地,将采用当前时刻的 U_t 来代替 U_F 后,可以得到[7]

$$R = B_t \left(1 - U/U_F\right)^{\beta_t} \tag{6-14}$$

其中,B_t 和 B_F 分别代表当前时刻 t 和破坏时刻由采样数据拟合计算得到的参数值,β_t 和 β_F 分别代表两时刻得到的对应幂指数值。与式(6-12)对照,很容易看出 B_F 即为式(6-12)中的参数 k,β_F 为幂律奇异性指数$-\beta$ 的值[7,34]。

由上面处理过程可以看出,β_t 实际是幂律奇异性指数的折中过渡的逼近值,称为折算指数,它反映的是响应函数 R 演化非线性程度。另外,图 6-16(b)～(f)结果表明,随着 U_t 逐渐接近 U_F,折算指数β_t逐渐单调地趋近于β_F。图 6-17 给出了四个典型岩石试样计算得到的折算指数β_t单调趋近于β_F的过程[7,34]。

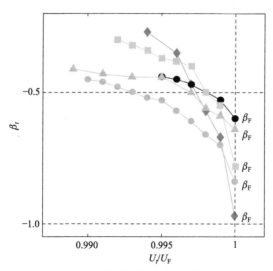

图6-17　四个岩石试样折算指数β_t单调趋近于β_F过程[7,34]

前面章节的试验结果和理论模型分析表明,灾变破坏时响应函数的幂律奇异性指数β_F一般应在-1 至$-1/2$之间[7,34]。图6-17表明折算β_t的值趋向于β_F的过程中,穿越了$-1/2$。因此,利用折算指数β_t,可以进一步对灾变破坏点 U_F 进行实时预测。

6.4.2　预测过程与效果

为了利用折算指数 β_t 随 U_t 的变化进行实时的灾变预测,将式(6-14)改写为[7,34]

$$R^{1/\beta_t} = B_t^{1/\beta_t} \big/ U_t \left(U_t - U \right) \tag{6-15}$$

于是,根据采样数据进行线性外推预测。因为 β_t 在加载过程中单调地减小到 β_F,并且 β_F 的下界是 -1,因此用 -1 替换式(6-15)中的 β_t,再进行线性外推与横轴的交点即为灾变点 U_F 的一个上界[7,34](记为 U_F')。

具体的预测处理过程如图 6-18 所示。示例中,在 U_t 附近, R^{1/β_t} 与 U 表现出

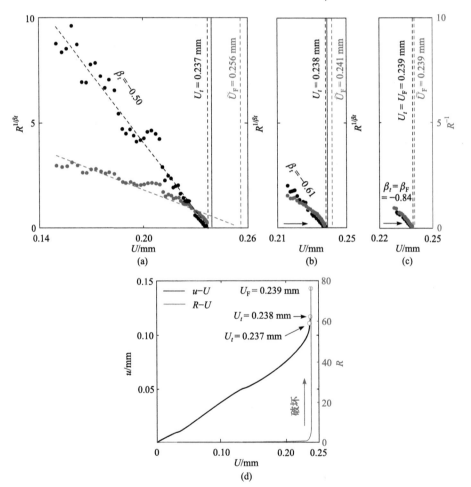

图 6-18　灾变时间实时预测处理方法与预测结果[7,34]。(a),(b),(c)预测处理过程与结果。竖直的黑色实线是该试样灾变破坏时 U_F 的真实值。竖直的黑色虚线是当前的采样终点 U_t。竖直的红色虚线是 U_F 的预测值 U_F'。随着加载和采样的进行, U_t 向 U_F 移动,预测值 U_F' 向 U_F 接近,预测区间也逐渐缩小。(d)图(a)~(c)预测处理中对应采样和时间终点

很好的线性关系，但在相同数据区间，R^{-1} 与 U 并不是很好的线性关系，而是呈现上凸曲线形式。由于 β_F 的值在 β_t 和 -1 之间，因此 R^{1/β_F} 应位于 R^{-1} 和 R^{1/β_t} 的包络中。R^{-1} 与 U 曲线的线性外推预测结果 U'_F 应是的一个上界，实际破坏时间 U_F 应位于 U_t 和 U'_F 之间。预测结果显示，随着 U_t 逐渐接近灾变破坏点的，预测区间 $[U_t, U'_F]$ 越来越小，逐渐趋近于真实破坏时间值[7,34]。

对图 6-17 的加载过程中的每个时刻 t 进行灾变预测处理时，所用到的数据段与拟合 β_t 时所用的数据段相同。该时间区间内的数据，R^{-1} 与 U 没有呈现出很好的线性关系。因此，改用距离 U_t 更近的数据后，R^{-1} 与 U 数据表现出更好的线性特征，如此也得到了更好的预测值，预测结果 U''_F 更接近真实值 U_F(图 6-19)[7,34]，

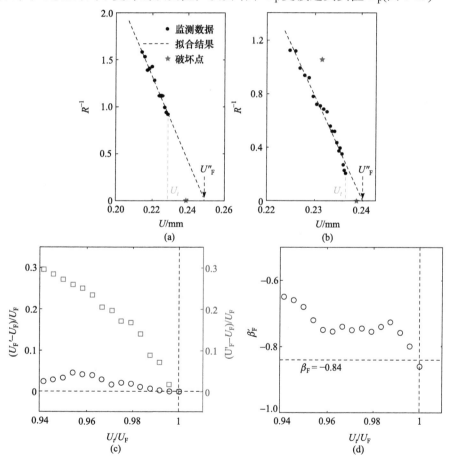

图 6-19 用 R^{-1} 的近似线性部分进行预测过程与结果[7,34]。(a)和(b)是基于距离 U_t 更近的近似线性数据预测过程与结果；(c)是各时刻的预测结果，图中黑色圆圈是基于近似线性数据预测结果，红色空心正方形是基于图 6-18 的方法预测结果

同时，预测区间$[U_l, U''_F]$也越小。据此，预测的上界值U''_F及对应的幂指数β'_F如图 6-19(c)和(d)所示。可以看到，U'_F和β''均较好地收敛于真实值[7,34]。实际处理中，还可以根据U'_F和β''的迭代进行更好精度的预测处理，改进预测效果。

6.5 直接拟合法预测破坏时间

基于幂律奇异性前兆进行灾变破坏的临灾短期预测，最直接的方法就是基于幂律关系表达式进行直接拟合预测[35]。这里以控制边界位移单调增加的加载过程为例，说明该预测方法和预测效果。在对响应量聚集量监测过程中，计算出响应函数，如变形响应函数$R_u = du/dU$后，然后基于幂律奇异性关系式

$$R_u = k\left(1 - U/U_F\right)^{-\beta} \tag{6-16}$$

直接进行曲线拟合，得出三个未知参数k、U_F和β。

图 6-20 和图 6-21 给出了花岗岩试样灾变破坏的预测实例[35]。预测处理中，采用固定数据窗口的"滑动窗口方法"[17](图 6-20)，每次都取当前时刻U_a附近96%U_a窗口范围内的数据进行拟合预测，即窗口尺度固定为96%U_a。U_a为当前时刻试验机边界位移值。随着加载进行，当前时刻U_a逐渐趋近于破坏点U_F，预测数据不断更新，预测结果也不断更新，但是预测所用数据窗口尺度不变。

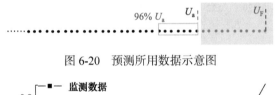

图 6-20 预测所用数据示意图

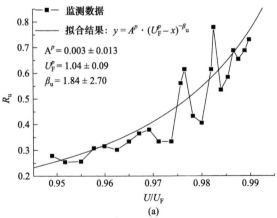

(a)

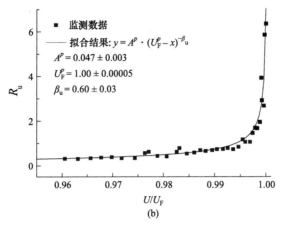

图 6-21　基于幂律奇异性前兆表达式拟合预测过程与结果[35]

图 6-21 给出的该试样后验预测处理中两个不同时刻的结果[35]。可以看出，预测曲线和结果与实际数据趋势和真实值吻合较好。图中 A^p、U_F^p 和 β_u 是幂律奇异性表达式中参数 k、U_F 和 β 的预测结果。拟合过程中，没有经过任何处理，仅仅是用最常规的 Levenberg-Marquardt algorithm (LMA) 曲线拟合方法，没有任何加权之类的处理。曲线拟合采用迭代计算，迭代采用如下表达式[35]

$$R_u = A^p \left(1 - U/U_F^p \right)^{-\beta_u} \tag{6-17}$$

其中，三个参数初值取为 $A^p = 1.0$，$U_F^p = U_a$，$\beta_u = 0.5$。

图 6-22 给出的五个代表性试样不同时刻 β 和 U_F 的预测值及对应误差棒[33]。预测结果表明，随着 U_a 距离破坏点 U_F 越近，U_F 和 β_u 的预测值均很好地趋近于真

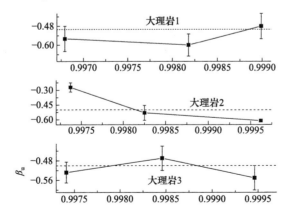

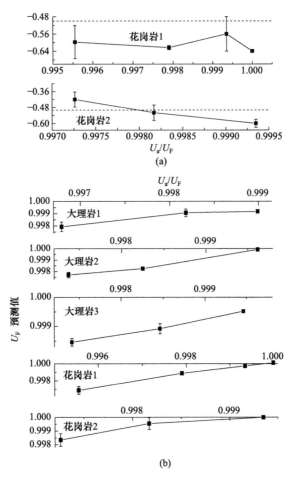

图 6-22　五个典型试样不同时刻预测得到的 β_1 和 U_F 值[35]

实值，误差棒也逐渐减小，预测结果表现出很好的稳定性。这个方法的优点是可以基于临界幂指数取值的收敛趋势，来同时检验预测效果。另一方面，也可以不断更新临界幂指数预测值，来修正破坏时间的预测值。

参 考 文 献

[1] Hao S W, Yang H, Elsworth D. An accelerating precursor to predict "time-to-failure" in creep and volcanic eruptions[J]. J Volcanol Geotherm Res, 2017, 343: 252-262.

[2] Zhou S J, Hao S W, Elsworth D. Magnitude and variation of the critical power law exponent and its physical controls[J]. Physica A, 2018, 510: 552-557.

[3] Voight B. A method for prediction of volcanic eruptions[J]. Nature, 1988, 332: 125-130.

[4] Voight B, Cornelius R R. Prospects for eruption prediction in near real-time[J]. Nature, 1991, 350: 695-698.

[5] Bell A F, Naylor M, Heap M J, et al. Forecasting volcanic eruptions and other material failure phenomena: An evaluation of the failure forecast method[J]. Geophys Res Lett, 2011, 38(15): L15304.

[6] Kilburn C R J, Voight B. Slow rock fracture as eruption precursor at Soufriere Hills ,volcano, Montserrat[J]. Geophys Res Lett, 1998, 25(19): 3665-3668.

[7] Xue J, Hao S W, Wang J, et al. The changeable power law singularity and its application to prediction of catastrophic rupture in uniaxial compressive tests of geomedia[J]. J Geophys Res Solid Earth, 2018, 123(4): 2645-2657.

[8] Lavallée Y, Meredith P G, Dingwell D B, et al. Seismogenic lavas and explosive eruption forecasting[J]. Nature, 2008, 453: 507-510.

[9] Smith R, Sammonds P R, Kilburn C R J. Fracturing of volcanic systems: Experimental insights into pre-eruptive conditions[J]. Earth Planet Sci Lett, 2009, 280(1-4): 211-219.

[10] Zhang J Z, Zhou X P. Forecasting catastrophic rupture in brittle rocks using precursory AE time series[J]. J Geophys Re Solid Earth, 2020, 125: e2019JB019276.

[11] Petley D N, Higuchi T D, Petley J, et al. Development of progressive landslide failure in cohesive materials[J]. Geology, 2005, 33(3): 201-204.

[12] Kilburn C R J, Petley D N. Forecasting giant, catastrophic slope collapse: lessons from Vajont, northern Italy[J]. Geomorphology, 2003, 54(1-2): 21-32.

[13] Kilburn C R J. Multiscale fracturing as a key to forecasting volcanic eruptions[J]. J Volcanol Geotherm Res, 2003, 125: 271-289.

[14] Smith R, Kilburn C R J. Forecasting eruptions after long repose intervals from accelerating rates of rock fracture: The June 1991 eruption of Mount Pinatubo, Philippines[J]. J Volcanol Geotherm Res, 2010, 191: 129-136.

[15] Corcoran J. Rate-based structural health monitoring using permanently installed sensors[J]. Proc R Soc A, 2017, 473: 20170270.

[16] Vasseur J, Wadsworth F B, Heap M J, et al. Does an inter-flaw length control the accuracy of rupture forecasting in geological materials?[J]. Earth Planet Sci Lett, 2017, 475: 181-189.

[17] Vasseur J, Wadsworth F B, Lavallée Y, et al. Heterogeneity: The key to failure forecasting[J]. Sci Rep, 2015, 5: 13259.

[18] Boué A, Lesage P, Cortés G, et al. Real-time eruption forecasting using the material failure forecast method with a Bayesian approach[J]. J Geophys Res, 2015, 120(4): 2143-2161.

[19] Kilburn C, De Natale G, Carlino S. Progressive approach to eruption at Campi Flegrei caldera in southern Italy[J]. Nat Commun, 2017, 8: 15312.

[20] Robertson R, Kilburn C. Deformation regime and long-term precursors to eruption at large calderas: Rabaul, Papua New Guinea[J]. Earth Planet Sci Lett, 2016, 438: 86-94.

[21] Bell A F, Naylor M, Main I G. The limits of predictability of volcanic eruptions from accelerating rates of earthquakes[J]. Geophys Int, 2013, 194(3): 1541-1553.

[22] Fan X M, Xu Q, Liu J, et al. Successful early warning and emergency response of a disastrous rockslide in Guizhou province, China[J]. Landslides, 2019, 16: 2445-2457.

[23] Hao S W, Liu C, Lu C S, et al. A relation to predict the failure of materials and potential

application to volcanic eruptions and landslides[J]. Sci Rep, 2016, 6: 27877.

[24] 杨航. 灾变破坏的临界标度律特征及预测方法研究[D]. 秦皇岛: 燕山大学, 2018.

[25] Cornelius R, Voight B. Graphical and PC-software analysis of volcano eruption precursors according to The Materials Failure Forecast Method (FFM)[J]. J Volcanol Geotherm Res, 1995, 64: 295-320.

[26] Voight B. A relation to describe rate-dependent material failure[J]. Science, 1989, 243: 200-203.

[27] Xia M F, Song Z Q, Xu J B, et al. Sample-specific behavior in failure models of disordered media[J].Commun Theor Phy, 1996, 25: 49-54.

[28] Bai Y L, Wang H Y, Xia M F, et al. Statistical Mesomechanics of solid, liking coupled multiple space and time scales[J]. Appl Mech Rev, 2005, 58: 372-388.

[29] 周孙基, 程磊, 王立伟, 等. 连续损伤力学基临界奇异指数与破坏时间预测[J]. 力学学报, 2019, 51(5): 1372-1380.

[30] Bozzano F, Mazzanti P, Moretto S. Discussion to: 'Guidelines on the use of inverse velocity method as a tool for setting alarm thresholds and forecasting landslides and structure collapses' by T. Carlà, E. Intrieri, F. Di Traglia, T. Nolesini, G. Gigli and N. Casagli[J]. Landslides, 2018, 15: 1437-1441

[31] Tommaso C, Emanuele I, Federico D T, et al. Reply to discussion on "guidelines on the use of inverse velocity method as a tool for setting alarm thresholds and forecasting landslides and structure collapses" by F. Bozzano, P. Mazzanti, and S. Moretto[J]. Landslides, 2018, 15: 1443-1444

[32] Bell A F, Naylor M, Hernandez S, et al. Volcanic eruption forecasts from accelerating rates of drumbeat long-period earthquakes[J]. Geophys Res Lett, 2018, 45(3): 1339-1348.

[33] Kilburn C R J, Natale G D, Carlino S. Progressive approach to eruption at Campi Flegrei caldera in southern Italy[J]. Nature Communications, 2017, 8: 15312.

[34] 薛键. 非均匀介质在压缩载荷下灾变破坏的幂律奇异性前兆及灾变预测[D]. 北京: 中国科学院力学研究所, 2018.

[35] Hao S W, Rong F, Lu M F, et al. Power-law singularity as a possible catastrophe warning observed in rock experiments[J]. Int J Rock Mech Min Sci, 2013, 60: 253-262.